震灾视域下应急系统中的管理决策分析与模型应用

黄 星 著

科 学 出 版 社

北 京

内 容 简 介

本书运用现代决策理论与方法，建立符合震灾紧急救援实际的应急物资筹集模型，从灾害伤亡预测、应急物资储备、应急物资筹集优化、应急终止决策和应急系统评价等五个方面展开研究，重点从定量决策的角度构建各类模型，以期达到贴近灾害实际的目的。本书能够有效解决在应急响应活动中基于筹集时间和筹集成本等多指标约束下的优化决策问题，实现震灾应急物资筹集的快速响应，达到有效降低应急物流成本和提高灾害救援效益的目的。

本书可为从事突发灾害应急管理、风险管理、决策管理教学和科研的高校教师、科研工作者、各级政府应急管理人员以及正在从事相关领域研究的在读硕士生、博士生等提供参考和借鉴。

图书在版编目(CIP)数据

震灾视域下应急系统中的管理决策分析与模型应用 /黄星著. —北京：科学出版社, 2019.11
ISBN 978-7-03-062671-4

Ⅰ.①震… Ⅱ.①黄… Ⅲ.①地震灾害–应急系统–研究–中国 Ⅳ.①P315.9

中国版本图书馆 CIP 数据核字 (2019) 第 233643 号

责任编辑：张　展　侯若男/责任校对：彭　映
责任印制：罗　科 / 封面设计：墨创文化

科学出版社出版
北京东黄城根北街16 号
邮政编码：100717
http://www.sciencep.com
四川煤田地质制图印刷厂印刷
科学出版社发行　各地新华书店经销
*
2019 年 11 月第　一　版　　开本：787×1092 1/16
2019 年 11 月第一次印刷　　印张：12
字数：270 000
定价：89.00 元
(如有印装质量问题,我社负责调换)

前　言

21 世纪，灾害对世界的影响日益加剧，致使一个国家或地区经济社会发展遇到严重阻碍、死亡超过千人、经济损失超过千亿元的巨灾接连发生，人类面临的灾害威胁更加严峻。首先，伴随全球气候变化给人类造成的重大影响，从 2007 年的巴厘岛联合国气候变化大会，到 2009 年的哥本哈根世界气候大会，再到 2010 年的坎昆世界气候大会，应对极端气候及其引发的灾害成为世界性的重大问题，在此背景下，各国都在思考在长期气候变化影响下新的国家发展战略问题。世界各国应对巨灾的体制、机制和手段都面临着新的考验。从美国应对"9·11"恐怖袭击、卡特里娜飓风，到日本应对"3·11"特大地震海啸灾害，其灾害管理体制、机制和手段均暴露出一系列问题并受到严重质疑；如发展中国家应对印度洋海啸、"5·12"汶川地震、"1·12"海地地震等，也同样有很多值得深刻反思的体制、机制和手段问题。对人类迄今为止创造的所有应对巨灾的体制、机制和手段，我们不能太过乐观，必须认真思考未来如何创新和发展。在传统灾害威胁尚未减轻的情况下，新型灾害的威胁又在向人类逼近。2003 年，经济合作与发展组织(Organization for Economic Co-operation and Development，OECD)进行了一项以重大系统面临新型风险威胁的可能性为内容的研究，重点考察了未来数十年影响风险领域的诸多趋势和致因，指出未来社会影响灾害风险的因素主要来自人口、环境、技术和社会经济结构四个方面，这些因素在改造了传统危害的同时，也导致了新型风险，使不同灾害风险的致因之间和同一灾害风险的不同致因之间发生互动效应，从而给社会造成远甚于单一灾害风险的综合性影响。因此，我们必须关注各种新型灾害风险的影响，做到未雨绸缪。

目前，世界各国都把对包括灾害在内的非传统安全的控制和管理，提升到关系国家安全的战略高度来推进，将防灾减灾提升为国家战略是适应国际社会强化灾害风险管理趋势的需要。据初步统计，我国每年因灾造成的经济损失约占 GDP 总量的 3%～6%，可以看出，综合防灾减灾对经济社会发展的重大影响是其他领域和部门无法比拟的，尤其是在非战争年代，灾害的频发成为危害人民生命财产安全最严重的问题。因此，我们完全有理由将防灾减灾提升到如"科教兴国""可持续发展"一样的国家战略层面。一是将灾情视为国情。科学认识和把握国情是我们制定经济社会发展战略的根本依据，在像中国这样一个灾害种类较多、灾害损失严重、灾害频率较高、灾害分布较广的国家进行经济建设，不了解面临的灾情是很难谈发展的。因此，必须树立灾情即国情的理念。二是将综合减灾能力纳入综合国力。当今世界，一个国家的综合国力是国际竞争力的集中体现，也是其在国际舞台上发挥作用的重要支点。在传统的将经济实力、军事实力、资源状况、人口状况等视为国家综合国力体现的基础上，将综合减灾能力作为综合国力的重要构成要素是今后我们在长期面临气候变化影响的环境下，有效应对各种灾害事件的现实需要，也是当前世界各国制定国家战略的共同选择。据了解，近些年在我国经济总量不断增长的情况下，救灾支出在当年财政支出中的比例总体在下降，已由 1991 年的 0.66%下降到 2006 年的 0.15%，这种状况要求我们必须从加强综合国力的角度认识加强防灾减灾能力建设的重要性，在经济发展的同时，不断加大防灾减灾的投入，建设拥有强大防灾减灾能力的强国。三是将应对灾害的能力作为政府执政能力的体现。随着突发事件管理的日益常态化，各级政府应对和处置突发事件的能力已经成为维护一方平安和加快经济社会发展的重要保障，因此，将应对突发灾害的能力作为政府执政能力的重要体现，成为强化政府公共事务管理能力的必然要求。①将政府应对和处置突发事件的能力视为其治国能力的重要组成部分，也是其实现执政为民宗旨的必然要求。②将政府及其公务人员应对突发灾害的绩效纳入政绩考核之中，并置于人大、政协、媒体和公众的直接监督之下。③在各级政府工作人员的培训中纳入防灾减灾的内容。④将单一灾害管理提升为全灾害管理。进入 21 世纪，世界各国接连发生的巨灾及其造成的巨大损失警醒人们，传统、单一的灾害风险管理理念与模式，再也无法有效应对人类面临的日益复杂和多样的灾害风险。因此，多学科的、广泛动员社会力量参与的综合灾害风险管理理念与模式，成为国际社会推进灾害风险管理的最新理念和潮流。为适应国际社会灾害风险管理发展的这一新趋势，我们必须将过去单一的灾害管理提升为综合的、全灾害的管理理念。这里讲的全灾害管理的含义包括：涵盖所有灾害种类的灾害管理，这需要建立从中央到地方的专职灾害管理的部门；灾前预防准备、灾时应对响应、灾后恢复重建的整个灾害生命周期的全过程管理，并将灾害管理的重心置于灾前准备和预防上；整合社会各方力量，包括政府组织、非政府组织、企业、学界、公众等诸多方面力量，真正具有"聚众效应"的全方位灾害风险管理。⑤将"举国救灾"转化为"举国防灾"，"举国救灾"在紧急救援中发挥的突出作用，确实显示出该模式在大灾救援中的政治优势和效率，但是该模式实施中一直存在的不计成本、不计代价的弊端及其在公共财政体制下面临的制度挑战，都要求我们反思其在未来的有效性和适应性。因此，应适应国际和国内灾害风险管理的新趋势，将以往"举国救灾"的内涵加以拓展并创新，使这一模式在未来发挥更大、更有效的作用。首先，应将"举国救灾"转化成"举国减灾"，这里一字之差，意义却大相径庭，"举国减灾"的目的是动员全社会方方面面的力量和资源投入防灾减灾，这样才能有效降低灾害造成的损失，保障经济社会健康发展；其次，将过去"举国"所指的国家、财政和公共资源，转化成国民、社会和符合市场机制的运作模式，使其既具有中国特色，可发挥政治优势，又适应未来的科学发展和体制架构，具有更加旺盛的生命力和适应性；再次，发挥市场机制在防灾减灾中的推动作用，建立有利于实现"藏防灾减灾能力于社会，藏防灾减灾能力于民"的新的灾害管理模式。⑥将公众防灾素养纳入国民素养，日本"3·11"地震及其引发的海啸灾难中，公众表现的沉着和镇定使我们再一次体会到公民灾害素养在应对灾害风险中的巨大作用。20 世纪末，日本的十年国民防灾减灾教育及其取得的显著成效，警示我们未来一定要将防灾减灾素养纳入国民素养的内涵之中，树立全面提升国民灾害素养的理念。

在众多灾害中，地震灾害往往尤为严重，不仅会造成人员伤亡、道路毁坏、设施破坏、通信中断等，还可能造成恶劣的次生或者衍生灾害，日本"3·11"地震及我的"5·12"汶川地震给当地造成的损失几乎是毁灭性的。"5·12"汶川地震导致重灾区面积超过 10

万平方公里，4000多万人受灾，69227人死亡，374643人受伤，17923人失踪，加上民房和城市居民住房、学校、医院和其他非住宅用房的损失，道路、桥梁、电信等基础设施的破坏以及对自然环境的破坏，直接经济损失高达8452亿元人民币。"5·12"汶川地震后，几乎同时，我国西南东部、华南、江南、浙闽沿海先后出现大到暴雨天气过程。持续不断的强降雨，使长江、珠江、闽江等流域的部分干流和支流发生超警戒水位洪水，全国农作物受灾面积达2274千公顷，成灾面积达1100千公顷，受灾人口3800多万人，因灾死亡和失踪200多人，倒塌房屋超过12万间，直接经济损失达260亿元。这些大规模灾害性事件，都给人类造成了巨大的损失，进一步表明自然灾害始终与人类发展相随，不论未来社会如何发展，自然灾害都不可能彻底消失，甚至除了存在传统的威胁，还会增加来自社会经济运行过程中的不确定性，以及由此导致的各种危机。这些大规模自然灾害除了具有一般自然灾害的突发性、危害性、不确定性、衍生性等特征，更具有受灾面积大、影响范围广、持续时间长、受灾人数多、应急物资需求量大的特点，这些特点对应对大规模自然灾害的应急物资保障能力提出了很高的要求，也决定了大规模自然灾害应急物资筹集的复杂性远远超出一般规模的自然灾害。它不仅要考虑大规模自然灾害应急状态的最优停止时间，还要考虑应急时间确定状态下应急物资的需求预测；不仅要考虑应急物资存量的筹措与增量的实现，还要考虑多供应点的优选组合和应急物资的调运；不仅要考虑同一阶段应急物资单供应点的物资筹集，还要考虑多阶段多供应点的物资筹集方式；不仅要考虑确定条件下应急物资的筹集方式，还要考虑模糊和区间数约束条件下的应急物资筹集方式等。在现有研究成果中，大多数文献集中于应急物资筹集过程供应点的优选上，很少从紧急救援的全过程角度系统研究应急物资筹集理论与方法，造成现有一些研究成果的应用性降低，不能较好地适应大规模自然灾害应急的需要。

面对频繁发生的地震灾害，必须加强在新形势下应急物资管理的系统建设，尤其是需要加强应急物资筹集系统建设和筹集措施方法的研究。鉴于此，本书选取应急物流作为研究领域，而在应急物流的物资供应链上，应急物资的筹集是应急供应链的第一步，也是关系应急物流目标实现的关键环节。如何在应急物资筹集过程中，实现应急物资筹集的合理、高效，同时兼顾效率和效益的应急物流筹集决策目标既是本书研究的主要内容，也是为大规模自然灾害的应急决策制定提供依据的一项急迫的课题。

全书分为四个部分，包括多情境震损人员伤亡预测方法与应用、不同阶段应急物资筹集决策、应急响应终止决策方法及几类应急系统的评价方法与应用等实践性强的前沿性课题。第一部分为多情境震损人员伤亡预测方法与应用。这部分从三类不同情境分别研究震灾人员伤亡预测问题。①从分析震后造成人员受伤的影响因子入手，从承灾体减抗风险能力、暴露性和敏感性三个维度提出震伤人员预测指标体系；在预测方法设计上，将模糊逻辑与神经网络方法结合起来，采用动态优化的径向基(radial basis function，RBF)神经网络方法，以提高预测模型的可靠性。②将改进的支持向量机运用到震灾人员伤亡预测模型构建中，提出鲁棒小波v-SVM的震灾伤亡预测模型。③通过指标筛选，提出震中烈度、震级、人口密度、房屋损毁面积和地震发生时间5个估计指标，将偏高斯曲线引入震灾人员伤亡估计中，提出基于修正偏高斯曲线的震灾人员伤亡估计模型。第二部分为不同阶段应急物资筹集决策。这部分重点解决应急物资筹集系统中的生产能力代储、应急物资筹集量与成本的优化及筹集网络运行过程中的一些关键决策问题。①借助种群共生理论构建政府与应急物资代储企业之间的合作共生关系，通过构建数学模型分析政府与实物代储企业满足共生平衡点的稳定性条件。②为解决不同时刻应急物资市场筹集量和总成本最优的问题，借助泛函极致方程，构建应急物资市场筹集量、筹集时间与成本之间的优化模型。③围绕两类应急物资筹集情境，从优化角度提出筹集模型与算法，一类是解决无限制需求期、筹集时间为模糊区间数、枢纽节点无容量限制时的单枢纽应急物资筹集网络的优化问题；另一类是考虑无筹集限制期、单个 Hub 点受容量限制、筹集满足不同需求水平等约束条件，构建满足筹集时间最短、筹集成本最优的双目标数学规划模型。第三部分为应急响应终止决策方法。这部分重点从方法上，围绕不同决策情境提出应急响应终止决策要解决的三个问题：①通过构建群体恐慌模型对应急终止进行预测；②以灾害系统理论为依据，采用集队分析可变模糊集方法对应急终止进行决策；③基于应急绩效优化，将最优停止理论和马尔可夫随机过程运用到应急终止决策中，提出基于最优停止理论的应急终止决策方法。第四部分为几类应急系统的评价方法与应用。①对震后农村环境承载力进行评价，从农村公共安全的视角围绕农村生态承载力、基础设施承载力、社会承载力和人口承载力 4 个维度提出 15 项风险评价指标。在评价方法构建上，将传统投影寻踪(project pursuit, PP)方法用加速遗传算法(accelerating genetic algorithm, AGA)进行改进，实现对投影指标函数快速优化。②突发事件网络舆情风险评价。从突发事件作用力、网络媒体作用力及网民作用力 3 个维度提出 10 项评价指标。采用加速遗传算法(AGA)对传统投影寻踪(PP)模型进行改进，提出了基于加速遗传算法与投影寻踪(AGA-PP)相结合的突发事件网络舆情风险预警模型。③应急物资筹集系统的可靠性评价。在分析应急物资市场筹集系统基本特征的基础上，提出了有利于系统可靠度提高的串-并联逻辑结构；并就系统在规定时间受物流量或成本约束下研究串-并联系统各构成单元和整个系统的最优可靠度。

本书通过构建应急系统中关键问题的决策方法，能够有效解决在应急响应活动中基于筹集时间和筹集成本等多指标约束下的优化决策问题，实现震灾应急物资筹集的快速响应，达到有效降低应急物流成本和提高灾害救援效益的目的；围绕震灾伤亡、应急物资筹集、应急终止及应急系统评价等问题所构建的一系列决策模型，有助于推动应急管理智能决策系统的开发和建设；有助于将相关研究成果进一步推广到应急管理领域，提高震灾应急响应的效率与效益。一方面，通过对震灾人员伤亡、应急物资筹集方法的研究，可以在紧急状态下实时、快速地生成应急管理决策方案，最大限度满足震灾对应急的需求，做到物资筹集的准时、准确和成本的有效降低；另一方面，在应急物资筹集决策模型研究方面，运用现代决策理论与方法，创新应急物资筹集决策方法，建立符合震灾紧急救援实际的应急物资筹集模型，这对实现灾害应急物资管理的智能化和科学化具有较强的推广价值和应用前景。本书主要围绕应急系统中的研究热点问题，从灾害伤亡预测、应急物资储备、筹集优化、应急终止决策和应急系统评价等 5 个方面展开研究，重点从定量决策的角度构建各类模型，以期达到贴近灾害实际和定量分析的目的。本书独特之处在于：围绕关键问题，从不同角度，通过对模型构建和方法设计进行研究，有助于决策者从不同角度解决应急管理中的实际问题；设计问题属于应急管理热点问题，也是应急管理研究中较为薄弱的环节，通过原型模型设计，有利于应急管理部门和科研工作者设计智能决策系统；通过伤亡预测，能够为应急管理者提供众多应急决策依据，如应急资源准备、分配依据、重建决策等；通过应急终止研究，能够为提高应急绩效提供依据；通过灾害系统评价，能够及时改进应急管理流程、管理方法和管理事项。

本书受教育部人文社科研究基金青年项目"突发事件应急物资筹集的支持网络及其协同优化策略研究"（批准号：16YTC630040）、四川省循环经济研究中心重点项目"环境规制作用下绵阳企业技术创新效率提升对策研究"（批准号：XHJJ-1809）、四川信息分析与服务中心重点项目"在线社交网络灾害信息传播机理及政府舆情管控研究"（批准号：SCTQ2016ZD02）资助，能够为灾害应急提供独特的决策视角，具有较好的参考价值。

笔者现为西南科技大学经济管理学院教师，由于水平有限，本书难免存在不足之处，敬请广大读者批评指正。

黄　星

2018 年 12 月

目　　录

第一部分　多情境震损人员伤亡预测方法与应用

第二部分　不同阶段应急物资筹集决策

第三部分 应急响应终止决策方法

第一部分

多情境震损人员伤亡预测方法与应用

第1章 基于鲁棒小波 v-SVM 的震灾人员伤亡预测模型

　　震灾人员伤亡预测是应急物流活动顺利开展的基础性工作,直接影响整个应急物流的效率与效益。目前,在震灾应急管理中,尽管我国应急物流的管理能力有明显提升,但总体上震灾救援的效率和效益仍然低下,主要体现在不能有效识别应急物资的需求结构和需求量以及定量预测各类应急物资的筹集量,往往造成应急时间过长、应急物资调运混乱以及应急物资分配不合理等情况,甚至带来严重的次生灾害,其中最重要的原因之一在于不能较好地预测震灾人员的伤亡总数,这是造成震灾应急物流管理滞后的关键性因素。

　　在震灾人员伤亡预测研究中,国内外研究成果主要集中于伤亡预测的影响因素和预测方法研究方面。在震灾伤亡预测的影响因素研究方面,现有文献集中于震灾现场及时影响因素的研究,如 Coburn 等从房屋倒塌率、非结构破坏水平、人员在室率及次生灾害发生程度等方面,提出了震灾人员伤亡预测指标[1];Murakami 把震时人员囷陷率、地震烈度、建筑结构类型及房屋倒塌率作为震灾人员伤亡的影响因素[2];Okada 考虑不同等级房屋破坏数量,认为震灾人员伤亡是由各等级房屋破坏所造成人员伤亡数之和[3];高惠英等通过统计我国近 10 年发生的强震、中强震损失数据,提出影响震灾伤亡人数的快速评估指标,包括发生时间、震级、房屋毁坏面积和区域受灾人数等[4];马玉宏等以震灾人员伤亡的原因和主要形式为突破口,从地震因素、环境因素、灾区人员防范程度及次生灾害发生概率等方面提出影响震灾人员伤亡的影响因素[5]。在震灾人员伤亡预测方法研究方面,现有研究集中于统计方法的应用,主要运用历史震灾数据,通过回归分析来预测当前震灾伤亡数量,如黎江林等针对现有预测指标的单一性问题,利用 PCA(principal component analysis,主成分分析)方法对伤亡预测指标进行权重分析后,建立线性回归模型验证了历次震灾伤亡情况[6];张洁等以“5·12”汶川地震房屋破坏面积和人员伤亡数据,运用线性回归分析法模拟出震灾人员伤亡预测模型[7];有少量文献考虑预测指标的非线性、高维度性特征,运用智能优化方法预测震灾人员伤亡情况,如于山等以国内发生的 20 次地震为案例,采用 BP(back propagation,反向传播)神经网络对样本进行训练和验证,提出三层 BP 神经网络震灾人员伤亡预测模型[8];杨帆等结合 GIS(geographic information system,地理信息系统)、历史震灾数据和人口数据,通过 BP 训练来验证历次地震伤亡人数[9]。

　　通过文献综述,现有研究从不同角度提出了较为完整的震灾伤亡预测指标体系,这为本书指标体系的分解和提取提供了参考,但众多文献主要是从震灾造成伤亡的直接原因来分析人员伤亡影响因素的,指标体系的一般性和代表性缺乏可靠的理论依据;在伤亡预测方法研究上,大多成果主要依据历史震灾数据来预测当前震灾伤亡数量,难以结合当前震灾情景和已有的外围数据得出较为可靠的预测结果。一些研究考虑到震灾的独特性、数据获取的小样本性、指标的非线性和高维度性，将智能优化算法运用到震灾伤亡预测中，但预测指标的非代表性和预测方法的单一性导致预测结果的可靠度降低，使得研究成果难以得到应用和推广。本书在预测指标分解上，以区域灾害系统论为理论依据，并结合前人研究基础，提出震灾人员伤亡预测指标体系；其次，针对预测指标的高维数、非线性和数据的小样本性，以 SVM（support vector machine，支持向量机）方法为基础，通过损失函数的改进和核函数的构造，提出一种新的鲁棒小波 ν-SVM 的震灾人员伤广预测模型，数字算例表明，用于震灾伤亡预测的鲁棒小波 ν-SVM 具有学习速度快、预测精度高和稳定性强的特点，能够很好地应用于震灾人员伤亡预测中。

1.1　震灾人员伤亡预测指标

区域灾害系统论的观点认为，灾害是致灾因子、孕灾环境和承灾体综合作用的结果。其中，致灾因子是灾害形成的充分条件，承灾体是灾害形成的必要条件，而孕灾环境的敏感度为致灾因子和承灾体的相互作用提供了背景条件。依据区域灾害系统论，决定震灾人员伤亡程度的直接因素为承灾体的易损性，一般来讲，承灾体易损性越强，震灾造成的伤亡数量越大，受灾程度往往越严重，而承灾体易损性由孕灾环境、致灾因子和人类承灾能力决定，故在提取震灾人员伤亡预测指标时，可依据区域灾害系统理论，从灾害形成的四个维度，即致灾因子、孕灾环境、承灾体和承灾能力四个方面提取人员伤亡预测指标，其指标分解过程如图 1-1 所示。

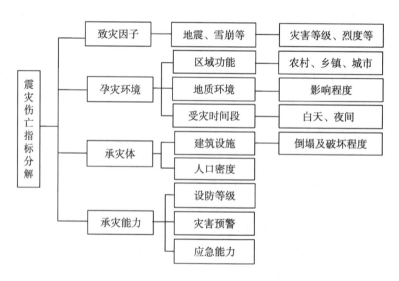

图 1-1　人员伤亡预测指标分解图

在指标筛选方法上，首先依据图 1-1 对影响灾区人员伤亡的因素进行分解；其次，对国内外近 5 年研究成果中预测震灾人员伤亡的高频指标进行统计，尤其注重预测误差较小的研究成果；最后，对初选指标进行信度检验，得到如表 1-1 所示的震灾人员伤亡预测指标体系。在指标数据获取途径上，表 1-1 的指标分为两类：一类称为灾区外围指标，这类指标数据的获取渠道包括遥感卫星数据、低空航拍数据、历史记载数据、政府相关统计数据以及专家群决策等；另一类为及时信息数据，这类数据一般是在救灾人员或数据收集人员进入灾区后，才能较为准确地获取。

表 1-1　人员伤亡预测指标体系

序号	指标	指标量化及赋值
1	震级	根据国际通用地震里氏分级标准，将地震划分为九级，并赋予相应级别的分值
2	震中烈度	依据国家标准《中国地震烈度表》(GB/T 17742—1999)按对应烈度赋予相同分值
3	设防烈度	通过查阅不同年代颁发的建筑抗震设计规范赋予相应分值
4	单位人口密度	查阅地理信息数据库和地方人口数据库获取，计算公式为：每平方公里人口密度=灾区总人口数/灾区总面积
5	预警水平	将灾害预警划分为 3 级：0 表示没有预警、2 表示预警迟缓、3 表示预警及时
6	人员在室概率	表示灾害突然发生的不同时间段，灾区人员在室内的概率，需据不同时间段赋予相应概率值，其赋值标准如表 3-2 所示
7	发生地点	灾害发生地点不同，人员伤亡数量差别较大，农村赋值 1、乡镇赋值 2、功能型城市赋值 4、中心城市赋值 6
8	应急物资保障	应急物资筹集满足能力高赋值 1、一般赋值 3、差赋值 7
9	建筑倒塌率	根据房屋建筑倒塌率赋予相应分值
10	人员死亡率	为预测输出值，样本数据来源于历史灾害统计和及时死亡信息，计算公式为：死亡率=死亡人数/灾区总人数
11	人员受伤率	为预测输出值，样本数据来源于历史灾害统计和及时死亡信息，计算公式为：受伤率=受伤人数/灾区总人数

表 1-1 中的人员在室概率指标的赋值，采用程家喻(1993)所研究的地震发生时间对人员伤亡影响的概率成果，该成果通过实证方式研究了北京地区城市和农村在工作日和节假日不同时间段的人员在室概率[10]，如表 1-2 所示。

表 1-2　不同时间段人员在室概率

	时间段	0:00~6:00	6:00~7:00	7:00~8:00	8:00~12:00	12:00~14:00	14:00~17:00	17:00~18:00	18:00~19:00	19:00~22:00	22:00~0:00
城市	工作日	1.00	0.84	0.15	0.95	0.95	0.95	0.14	0.79	0.79	1.00
	节假日	1.00	1.00	0.73	0.73	0.73	0.73	0.73	0.73	0.73	1.00
农村	工作日	1.00	1.00	0.30	0.30	0.90	0.30	0.30	0.90	1.00	1.00
	节假日	1.00	1.00	0.75	0.75	0.75	0.75	0.75	0.75	1.00	1.00

本书所研究的伤亡预测是基于数据及时更新的预测过程，其预测数据的获取主要采用灾区外围数据和及时数据相结合的方法对震灾伤亡情况进行预测。在震灾发生初期，灾区与外界往往出现暂时的信息中断，外界很难立即获取灾区的数据信息[11]，此时决策人员只能通过类似灾害的历史数据、现有记录数据、经验估计、专家决策和现代技术手段等获取

信息,这时数据信息主要来自外围,数据的可靠性较低,随着灾害救援的快速展开,为提高整个震灾伤亡预测的准确度,决策人员必须收集灾区及时信息,并对现有数据进行更新。比如表 1-1 中的建筑倒塌率、人员死亡率、人员受伤率和应急物资保障等指标属于及时需求信息指标,需要通过灾害现场获取。

1.2　鲁棒小波 v-SVM 伤亡预测模型

1.2.1　模型构建思想

为解决小样本、非线性和高维数领域中的结构风险等问题,Vanink 等(1995)提出了一种全新的机器学习方法,即 SVM,这种方法的主要思想有两点:①对线性不可分的情况,通过非线性映射算法将低维输入空间线性不可分的样本数据转化为高维特征空间,使其线性可分,这样就使得高维特征空间线性算法对样本的非线性特征进行线性分析成为可能;②在特征空间中建立最优分割超平面,使其能够逼近任意函数,保证解的全局最优,使学习器的结构风险最小化。但标准 SVM 所使用的不敏感损失函数,不能有效处理样本数据中出现的大幅度值和奇异点的噪声,机器学习的泛化能力差,其关键不足是 SVM 的不敏感损失函数,不能对不同的松弛变量区域进行不同的优化处理,降噪能力弱[12-15]。在选择核函数对线性不可分问题进行分类时,目前众多学者采用 Cross-Validation 方法选择核函数,其归纳比较误差较小的径向基核函数(radial basis function,RBF)和傅里叶核函数都不能得到令人满意的效果。鉴于以上原因,本书提出构建鲁棒小波 v-SVM 预测模型思路。

(1)构造鲁棒损失函数。标准 SVM 是利用结构风险最小化来求一个最优回归函数,实现与样本数据的最优拟合。结构风险包括经验风险和实际风险两类,是最优回归函数与训练所用样本偏差的度量,其中,经验风险由损失函数确定,不同损失函数构成不同的经验风险,也形成不同的 SVM。目前,常用的损失函数包括多项式损失函数、高斯损失函数、Laplace 损失函数和 ρ-不敏感损失函数等[13],这些损失函数各有侧重,高斯损失函数对正态分布噪声有很好的降噪处理效果,Laplace 损失函数对奇异点和大幅值噪声的处理效果尤为明显,而多项式损失函数则侧重于松弛变量的数学描述。然而,用于预测应急物资需求的不同指标,其数据分布往往具有非线性、随机性、幅值大和奇异点多等特性,单一的损失函数不能有效压制,必须构造一种具有鲁棒功能的损失函数,使其能够较好地处理各类特征数据。鉴于此,本章综合目前常用的高斯损失函数、Laplace 损失函数和 ρ-不敏感损失函数,设计一种能够分段压制的 Robust 损失函数,其具体数学表达式为

$$D(\delta) = \begin{cases} v(|\delta|-\rho)-\dfrac{1}{2}v^2, & |\delta| > \rho_v \\ 0, & |\delta| \leqslant \rho \\ \dfrac{1}{2}(|\delta|-\rho)^2, & \rho < |\delta| \leqslant \rho_v \end{cases} \tag{1-1}$$

式中,$|\delta| > \rho_v$ 为奇异点区,能对大幅值和奇异点进行降噪压制,可采用 Laplace 损失函数;

$|\delta| \leqslant \rho$ 为最优分界区，即 ρ 的不灵敏区，不惩罚小于 ρ 的偏差；$\rho < |\delta| \leqslant \rho_v$ 为高斯区，采用高斯损失函数对符合高斯特征的噪声进行降噪压制。其中，$\rho + v = \rho_v$，ρ、v 为不为 0 的正数。

（2）构造小波核函数。SVM 中的核函数是为了解决在高维空间中的内积运算，使非线性分类误差最小。目前，常用的核函数包括径向基核函数、傅里叶核函数、Sigmoid 核函数、多项式核函数和线性核函数等，这些核函数都能有效缩小误差，但效果仍不够理想，受 Smits 等构建混合核函数思想的启发，本节将母小波函数进行某种方式的替换，提出在不增加计算复杂度前提下，能够满足 Mercer 条件的点积形式，且能有效缩小误差的小波核函数。Hibert-Schmidt 原理表明，在一个高维特征空间中寻求最优分类面时，不需要明确非线性变换形式，只需进行内积计算即可，即有一种运算能够满足 Mercer 条件，这种运算就可以做内积运算，下面引入判断和构造核函数的引理。

引理 1　（Mercer 条件）：$D^2(\mathbf{R}^n)$ 下的对称函数 $K(\mathbf{x}, \mathbf{x}')$ 为特定空间中的内积充要条件，是对任意的 $\varphi(\mathbf{x}) \neq 0$ 且 $\int \varphi^2(\mathbf{x} \mathrm{d}\mathbf{x} < \infty)$ 满足条件 $\iint K(\mathbf{x}, \mathbf{x}') \varphi(\mathbf{x}) \varphi(\mathbf{x}') \mathrm{d}\mathbf{x} \mathrm{d}\mathbf{x}' \geqslant 0$，$\mathbf{x}, \mathbf{x}' \in \mathbf{R}^n$，则满足式（1-1）的点积核 $K(\mathbf{x}, \mathbf{x}')$ 为允许支持向量核。

引理 2　（平移不变核）：$D^2(\mathbf{R}^n)$ 下的对称函数为 $K(\mathbf{x}, \mathbf{x}')$，平移函数为 $K(\mathbf{x}, \mathbf{x}') = K(\mathbf{x} - \mathbf{x}')$，且满足 Mercer 条件，则对称函数 $K(\mathbf{x}, \mathbf{x}')$，$\mathbf{x}, \mathbf{x}' \in \mathbf{R}^n$ 为允许支持向量核。

根据引理 1 和引理 2，将目前常用的 Morlet 和 Mexican 两类母小波函数替换为某种具体形式后，构造出鲁棒小波 v-SVM 所需的小波核函数表达式。其小波核函数的构造可表达为：若母小波函数为 $\theta(x_i)$，则满足 Mercer 内积条件的小波核函数可以描述为

$$K(\mathbf{x}, \mathbf{x}') = \prod_{i=1}^{l} \theta\left(\frac{x_i - \mathbf{m}}{a_i}\right) \cdot \theta\left(\frac{x_i' - \mathbf{m}'}{a_i}\right) \tag{1-2}$$

满足平移不变核的小波核函数可以描述为

$$K(\mathbf{x}, \mathbf{x}') = \prod_{i=1}^{l} \theta\left(\frac{x_i - x_i'}{a_i}\right) \tag{1-3}$$

式（1-2）、式（1-3）中的 $x_i, x_i' \in \mathbf{R}^d$ 且为 d 维列向量，$\mathbf{m}, \mathbf{m}' \in \mathbf{R}^d$ 为 d 维位移因子列向量，$a_i \in \mathbf{R}^l$，为 l 维尺度因子列向量。

①用 Morlet 母小波函数 $\theta(x) = \cos(\varpi_0 x_i) \exp\left(-\|x_i^2\| / 2\right)$，$\varpi_0 \in \mathbf{R}$ 构造鲁棒小波 v-SVM 所需的小波核函数为

$$K(\mathbf{x}, \mathbf{x}') = \prod_{i=1}^{l} \cos\left(\varpi_0 \times \frac{x_i - x_i'}{a_i}\right) \exp\left(-\frac{\|x_i - x_i'\|^2}{2a_i^2}\right) \tag{1-4}$$

②用 Mexican 母小波函数 $\theta(\mathbf{x}) = \left(1 - \|x_i\|^2\right) \exp\left(-\|x_i^2\| / 2\right)$，构造鲁棒小波 v-SVM 所需的小波核函数为

$$K(\mathbf{x}, \mathbf{x}') = \prod_{i=1}^{l} \left(1 - \frac{\|x_i - x_i'\|^2}{a_i^2}\right) \exp\left(-\frac{\|x_i - x_i'\|^2}{2a_i^2}\right) \tag{1-5}$$

式(1-4)、式(1-5)都为鲁棒小波 v-SVM 允许的支持向量核，可根据具体问题比较后选择更为适宜的小波核函数。

1.2.2 模型构建

震灾人员伤亡预测指标的高维性决定了指标数据之间不具有线性相关性，本书建立鲁棒小波 v-SVM 预测模型，通过一个非线性映射 x 将高维数指标统计数据映射到高维的特征空间，并在这个高维特征空间中建立一个最优的线性回归函数，然后利用这个最优线性回归函数进行当前震灾人员伤亡预测，这是标准 SVM 和鲁棒小波 v-SVM 的共同目标。设高维特征空间的最优回归函数为 $f(x) = \omega x + b$，ω 为权值，x 为非线性映射，b 为阈值。

由于 $f(x) = \omega x + b$ 的参数 b 很难确定，在实际寻优过程中，需要占用较多迭代时间而影响决策效率和精度，在本节构建的鲁棒小波 v-SVM 预测模型中，试图消除参数 b，缩短计算机运行迭代时间，改进标准 SVM。设 $f(x) = \omega x + b$ 为鲁棒小波 v-SVM 的原问题，对样本集 $\boldsymbol{Q} = \{x_i, y_i\}_{i=1}^{l}$，$x_i \in \mathbf{R}^d$，$y_i \in \mathbf{R}$。设由 $\bar{\boldsymbol{x}} = (x_1^{\mathrm{T}}, \eta)^{\mathrm{T}}$ 构成的 Hilbert 空间，定义 $\bar{\boldsymbol{x}}_1$、$\bar{\boldsymbol{x}}_2$ 的内积为 $\bar{\boldsymbol{x}}_1 \cdot \bar{\boldsymbol{x}}_2 = x_1 x_2 + \eta^2$，其中，$\bar{\boldsymbol{x}}_1 = (x_1^{\mathrm{T}}, \eta)^{\mathrm{T}}$，$\bar{\boldsymbol{x}}_2 = (x_2^{\mathrm{T}}, \eta)^{\mathrm{T}}$，令 $\bar{\boldsymbol{\omega}} = (\omega^{\mathrm{T}}, b/\eta)^{\mathrm{T}}$，$\omega$ 为 d 维列向量，$\bar{\boldsymbol{\omega}}$ 为 $d+1$ 维列向量，$\eta \in \mathbf{R}$ 且 $\neq 0$，于是有：

$$f(x) = \omega x + b = \omega x + \eta \cdot (b/\eta) = \bar{\boldsymbol{\omega}} \cdot \bar{\boldsymbol{x}} \tag{1-6}$$

令 $f(\bar{x}) = \bar{\boldsymbol{\omega}} \cdot \bar{\boldsymbol{x}}$，便得到无参数 b 的鲁棒小波 v-SVM 的预测回归函数的表达式，故在下面鲁棒小波 v-SVM 模型构建过程中，首先仍将参数 b 纳入鲁棒小波 v-SVM 规划问题的原问题中，然后，求解原问题 $f(x) = \omega x + b$ 的对偶规划问题，消除参数 b，得到原问题的对偶规划问题。

(1) 设计鲁棒小波 v-SVM 原问题的对偶规划问题。由式(1-1)的鲁棒损失函数，根据统计学中的结论风险最小化原理，$f(x)$ 作为高维特征空间最优逼近曲线，应使其风险函数最小，即

$$J = \frac{1}{2} \|\omega\|^2 + B \sum_{i=1}^{l} L(f(x_i), y_i) \tag{1-7}$$

式中，B 为惩罚系数，$L(\cdot)$ 为惩罚函数，$L(\cdot)$ 取式(1-1)的鲁棒损失函数。为寻找原问题 $f(x) = \omega x + b$ 中的系数 ω 和 b，引入松弛变量 δ_i、δ_i^*，对样本集 $\boldsymbol{Q} = \{x_i, y_i\}_{i=1}^{l}$ 设计如下鲁棒小波 v-SVM 的原问题的最优规划问题：

$$\min_{\omega, \delta^{(*)}, b, e} \frac{1}{2}\left(\|\omega\|^2 + b^2\right) + B\left[\gamma \cdot \rho + \frac{1}{l}\sum_{i \in I_1}\frac{1}{2}(\delta_i^2 + \delta_i^{*2}) + \frac{1}{l}\sum_{i \in I_2} v(\delta_i + \delta_i^*)\right]$$

$$\text{s.t.} = \begin{cases} \omega x_i + b - y_i \leqslant \rho + \delta_i^* \\ \omega x_i - b + y_i \leqslant \rho + \delta_i \qquad (i = 1, 2, \cdots, l) \\ \gamma \in (0, 1]; \ \delta_i, \delta_i^* \geqslant 0 \end{cases} \tag{1-8}$$

式中，γ 为控制鲁棒小波 v-SVM 预测模型的训练误差与复杂性之间的平衡参数，$B > 0$ 为惩罚系数（正则参数），δ_i、δ_i^* 为松弛变量，ρ 为控制管道大小的参数，I_1 表示松弛变量 δ_i 或 δ_i^* 落在区间 $\rho_v \geqslant |\delta_i| > 0$ 或区间 $0 < |\delta_i^*| \leqslant \rho_v$ 内的样本集，I_2 表示松弛变量 δ_i 或 δ_i^* 落在区

间 $|\delta_i| > \rho_v$ 或区间 $|\delta_i^*| > \rho_v$ 内的样本集。下面提出样本点落在 ρ-带的判定定理，并证明。

定理 1　设 $\alpha^{(*)} = (a_1, a_2, \cdots, a_l, a_1^*, a_2^*, \cdots, a_l^*)$ 为式(1-8)的最优解，若 $a_i = \min(B/l, B \cdot v/l)$，$a_i^* = 0$ 或 $a_i^* = \min(B/l, B \cdot v/l)$，$a_i = 0$，则样本点 (x_{ij}, y_i) 落在 ρ-带的边界上；若 $a_i = a_i^* = 0$，则样本点 (x_{ij}, y_i) 落在 ρ-带的边界上和内部；若 $a_i^* = 0$，$a_i \in (0, \min(B/l, B \cdot v/l))$ 或 $a_i = 0$，$a_i^* = (0, \min(B/l, B \cdot v/l))$，则样本点 (x_{ij}, y_i) 一定落在 ρ-带边界上。

证　明：　设　$\alpha^{(*)} = (a_1, a_2, \cdots, a_l, a_1^*, a_2^*, \cdots, a_l^*)$　为　式 (1-8) 的 最 优 解，根 据 KKT（Karush-Kuhn-Tucker，KKT）条件有

$$a_i(\rho + \delta_i - y_i + \boldsymbol{\omega} x_i + b) = 0, \quad a_i^*(\rho + \delta_i^* - y_i + \boldsymbol{\omega} x_i + b) = 0$$

$$[\min(B/l, B \cdot v/l) - a_i]\delta_i = 0, \quad [\min(B/l, B \cdot v/l) - a_i^*]\delta_i^* = 0$$

若　$a_i = \min(B/l, B \cdot v/l)$，　　$a_i^* = 0$　或　$a_i^* = \min(B/l, B \cdot v/l)$，　$a_i = 0$，　由 $[\min(B/l, B \cdot v/l) - a_i]\delta_i = 0$，可得 $\delta_i \geqslant 0$，$\delta_i^* = 0$；由 $a_i(\rho + \delta_i - y_i + \boldsymbol{\omega} x_i + b) = 0$，可得 $y_i = \rho + \delta_i + \boldsymbol{\omega} x_i + b \geqslant \rho + \boldsymbol{\omega} x_i + b$；由 $[\min(B/l, B \cdot v/l) - a_i^*]\delta_i^* = 0$，可得 $\delta_i^* \geqslant 0$，$\delta_i = 0$；由 $a_i^*(\rho + \delta_i^* - y_i + \boldsymbol{\omega} x_i + b) = 0$，可得 $y_i = -\rho - \delta_i^* + \boldsymbol{\omega} x_i + b \leqslant -\rho + \boldsymbol{\omega} x_i + b$，故相应的样本点 (x_{ij}, y_i) 一定落在 ρ-带边界上。若 $a_i = a_i^* = 0$，由 $[\min(B/l, B \cdot v/l) - a_i]\delta_i = 0$ 和 $[\min(B/l, B \cdot v/l) - a_i^*]\delta_i^* = 0$ 可得 $\delta_i = 0$，$\delta_i^* = 0$。故由鲁棒损失函数可知，相应的样本点 (x_{ij}, y_i) 一定落在 ρ-带边界上或内部。若 $a_i^* = 0$，$a_i \in (0, \min(B/l, B \cdot v/l))$ 或 $a_i = 0$，$a_i^* \in (0, \min(B/l, B \cdot v/l))$，由 $[\min(B/l, B \cdot v/l) - a_i]\delta_i = 0$ 和 $[\min(B/l, B \cdot v/l) - a_i^*]\delta_i^* = 0$，可得 $\delta_i = 0, \delta_i^* = 0$，再由 $a_i(\rho + \delta_i - y_i + \boldsymbol{\omega} x_i + b) = 0$ 和 $a_i^*(\rho + \delta_i^* - y_i + \boldsymbol{\omega} x_i + b) = 0$，可知 $y_i = \boldsymbol{\omega} \cdot x_i + b + \rho$ 成立，相应的样本点 (x_{ij}, y_i) 一定落在 ρ-带边界上。

(2) 求式(1-8)的对偶规划问题。由 Lagrange 函数可得

$$L(\boldsymbol{\omega}, b, a^{(*)}, \beta, \delta^*, \rho, \eta^*) = \frac{1}{2}\left(\|\boldsymbol{\omega}\|^2 + b^2\right) + B \cdot \left(\gamma \cdot \rho + \frac{1}{l}\sum_{i \in I_2} v(\delta_i + \delta_i^*) + \frac{1}{l}\sum_{i \in I_1}\frac{1}{2}(\delta_i^2 + \delta_i^{*2})\right) - \beta \cdot \rho -$$

$$\sum_{i=1}^{l}(\eta_i\delta_i + \eta_i^*\delta_i^*) - \sum_{i=1}^{l}a_i(\rho + \delta_i + y_i - \boldsymbol{\omega} x_i - b) - \sum_{i=1}^{l}a_i^*(\rho + \delta_i^* - y_i + \boldsymbol{\omega} x_i + b) \tag{1-9}$$

对 $b, \boldsymbol{\omega}, \rho$ 和 δ^* 分别求偏导数得到：$b = \sum_{i=1}^{l}(a_i^* - a_i)$，$\bar{w} = \sum_{i=1}^{l}(a_i^* - a_i) \cdot x_i$。

(3) 设计原问题的二次规划问题。运用前面构建的小波核函数以及对偶原理、KKT 条件，得到式(1-8)原问题的对偶规划问题，即原问题的二次规划问题：

$$\min_{a, a^*} \frac{1}{2}\sum_{i=1}^{l}\sum_{j=1}^{l}(a_i^*a_j^* - a_i^*a_j - a_ia_j^* + a_ia_j)[K(\boldsymbol{x}, \boldsymbol{x}') + 1] - \sum_{i=1}^{l}y_i(a_i^* - a_i) + \frac{1}{2B}\sum_{i=1}^{l}(a_i^2 - a_i^{*2})$$

$$\text{s.t.} \begin{cases} \boldsymbol{E}^{\mathrm{T}}(a + a^*) \leqslant B \cdot \gamma \\[2mm] 0 \leqslant a_i \leqslant \min\left(\dfrac{B}{l}, \dfrac{Bv}{l}\right) \\[2mm] 0 \leqslant a_i^* \leqslant \min\left(\dfrac{B}{l}, \dfrac{Bv}{l}\right) \end{cases} \tag{1-10}$$

式中，$E = [1, 2, \cdots, l]^{\mathrm{T}}$，取 $\min\left(\dfrac{B}{l}, \dfrac{Bv}{l}\right)$ 作为 a_i, a_i^* 的最大值。

将式 (1-3) 的平移不变核的小波核函数 $K(\boldsymbol{x}, \boldsymbol{x}') = \prod\limits_{i=1}^{l} f\left(\dfrac{x_i - x_i'}{a_i}\right)$ 和式 $b = \sum\limits_{i=1}^{l}(a_i^* - a_i)$、

$\overline{\boldsymbol{w}} = \sum\limits_{i=1}^{l}(a_i^* - a_i) \cdot x_i$ 代入 $f(x) = \overline{\boldsymbol{w}}\boldsymbol{x} + b$ 得

$$f(\boldsymbol{x}) = \boldsymbol{\omega} \cdot \boldsymbol{x} + h\sum_{i=1}^{l}(a_i^* - a_i)\left[K(\boldsymbol{x}, \boldsymbol{x}') + 1\right] \tag{1-11}$$

式中，核函数 $K(\boldsymbol{x}, \boldsymbol{x}')$ 可选取前面构造的 Morlet 小波核函数或 Mexican 小波核函数，实现震灾人员伤亡预测指标的高维数、非线性数据的拟合。若选取 Morlet 小波核函数，则得到鲁棒小波 v-SVM 的最优回归估计函数，即灾区人员伤亡预测模型：

$$f(\boldsymbol{x}) = \sum_{i=1}^{l}(a_i^* - a_i)\left[\prod_{i=1}^{l}\cos\left(\omega_0 x_i \times \frac{x_j - x_{ij}}{a_i}\right)\exp\left(-\frac{\|x_j - x_{ij}\|^2}{2a_i^2}\right) + 1\right] \tag{1-12}$$

式中，x_{ij} 为第 i 训练样本的第 j 分量，x_j 为输入向量 $\boldsymbol{x}$ 的第 j 分量。

若选取 Mexican 小波核函数，则鲁棒小波 v-SVM 预测模型为

$$f(\boldsymbol{x}) = \sum_{i=1}^{l}(a_i^* - a_i)\left[\prod_{i=1}^{l}\left(1 - \frac{\|x_j - x_{ij}\|^2}{a_i^2}\right)\exp\left(-\frac{\|x_j - x_{ij}\|^2}{2a_i^2}\right) + 1\right] \tag{1-13}$$

通过鲁棒小波 v-SVM 的输出表达式 (1-12) 或式 (1-13) 就可以对指标数据进行回归分析，并对震灾人员伤亡做预测。

1.2.3　参数确定

鲁棒小波 v-SVM 预测模型中有惩罚系数（正则参数）B、误差参数 γ、小波核函数参数 a 需要确定，本节考虑 $v = 1$ 情形下，采用交叉验证法确定参数的取值[16-18]，以获得最优参数取值。

1.3　数　字　算　例

计算机运行环境：Core(TM)2 CPU 2.29GHZ、内存为 2.00GB，仿真工具为 MATLAB_R2012a。样本数据为近 45 年国内发生的 19 次地震的数据记录（表 1-3）。前 15 组数据为训练数据，第 16～18 组数据用于测试，第 19 组数据为预测数据，为检验模型，本算例把鲁棒小波 v-SVM 预测结果跟 BP 神经网络、标准 SVM 进行比较。用于训练和测试的样本数据为归一化处理后的样本数据，归一化处理方法为

$$F_i^* = \frac{F_i}{\|F\|^2} = \frac{F_i}{\sqrt{F_1^2 + F_2^2 + \cdots + F_i^2}} \tag{1-14}$$

表 1-3　鲁棒小波 ν-SVM 学习样本数据

序号	震级/级	震中烈度/度	设防烈度/度	单位人口密度/(人/km²)	预警水平	人员在室概率	发生地点	应急物资保障	建筑倒塌率/%	人员死亡率/%	人员受伤率/%
1	7.5	10	V	27	0	0.30	1	7	92	18.180	52.120
2	8.5	12	V	1	0	1.00	1	7	97	15.4900	41.890
3	7.2	10	VI	530	0	0.84	4	7	84	1.7160	8.180
4	7.7	10	VII	267	3	0.73	2	7	18	1.3000	1.650
5	7.3	9	VII	727	0	0.73	2	7	7	0.0160	0.200
6	7.8	11	V	11000	0	1.00	6	7	95	28.2300	18.590
7	7.9	10	VII	6	3	1.00	1	7	31	4.5300	5.740
8	7.1	9	VII	106	3	0.73	2	3	8	0.5800	0.650
9	7.4	9	IX	73	2	0.75	1	7	5	0.0710	1.780
10	6.4	8	VII	104	0	0.75	1	3	7	0.0007	0.104
11	6.8	9	VII	50	0	1.00	1	3	10	0.0370	1.710
12	6.6	8	VII	11	0	0.30	1	3	33	0.0008	0.130
13	7.0	9	VIII	57	0	1.00	2	7	86	0.0290	1.590
14	6.4	8	VIII	183	2	0.30	1	3	42	0.0020	0.033
15	6.2	7	VII	19	0	1.00	1	3	7	0.0000	0.050
16	6.5	8	VI	123	0	1.00	1	7	61	0.0007	2.610
17	8.0	11	VII	237	0	0.30	2	3	92	0.0660	0.360
18	7.1	9	VII	7	0	1.00	1	1	94	1.0900	4.910
19	7.0	9	VII	88	0	0.30	1	3	50	0.1800	11.170

采用式(1-14)处理后的数据,需对输出结果采用反归一化处理,还原成实际值。

1.3.1　小波核函数的选取和参数的确定

为便于模型学习和训练,把每组数据连续编上序号,模拟成 19 单位时间序列,粗估尺度设定为 $a \in (0,1]$。经比较,采用 Mexican 母小波所构造的核函数更能与假设时序吻合,优越于 Morlet 小波核函数,故选定核函数为 Mexican 小波核函数,参数范围设置为:$B \in [0.001,1000]$,$\gamma \in [0.001,1]$。采用交叉验证法确定参数的最优取值为:$B = 1000$,$\gamma = 0.97$,$a = 1.2$。

1.3.2　人员死亡率预测分析

通过训练获得最优回归模型 $f(\boldsymbol{x}) = \sum_{i=1}^{l}(a_i^* - a_i)\left[\prod_{i=1}^{l}\left(1 - \frac{\|x_j - x_{ij}\|^2}{a_i^2}\right)\exp\left(-\frac{\|x_j - x_{ij}\|^2}{2a_i^2}\right) + 1\right]$ 中参数 $a_i^* - a_i$ 的值,如表 1-4 所示。

表 1-4　人员死亡率预测模型中的 $a_i^* - a_i$ 值

序号	1	2	3	4	5	6	7	8	9	10
$a_i^* - a_i$	-2.31	-0.00004	1.11	1.02	-0.0001	7.33	0.12	-2.17	0.0233	-0.007
序号	11	12	13	14	15	16	17	18	19	—
$a_i^* - a_i$	0.08	0.0001	0.009	-0.0002	0.011	0.0008	-0.22	-0.0008	0.0033	—

图 1-2 为鲁棒小波 v-SVM 对死亡率训练输出曲线，其训练结果与实际死亡率拟合度高，训练均方差为 0.0412，误差均值为 0.0133，说明鲁棒小波 v-SVM 对人员死亡率的拟合能力强，辨识度高。

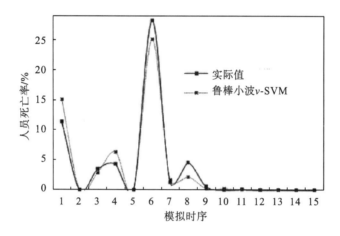

图 1-2　鲁棒小波 v-SVM 死亡率训练曲线

将训练获得的参数值 $a_i^* - a_i$ 装入鲁棒小波 v-SVM 学习机，得到人员死亡率预测模型，用模型对样本集的第 16～18 组数据进行测试，并将测试结果与标准 SVM 和 BP 神经网络进行比较，测试其效率和预测精度，实测输出曲线与预测比较如表 1-5、图 1-3 所示。其中，BP 神经网络的单隐层节点个数为 5，学习率为 0.21，最大迭代次数设置为 6000 次，平方根误差允许值为 0.0002。从表 1-5 和图 1-3 可知，鲁棒小波 v-SVM 对人员死亡率的预测准确性，明显优越于标准 SVM 和 BP 神经网络，在计算机运行效率上，鲁棒小波 v-SVM 用时只有 0.833s，BP 神经网络效率最低，用时达到 235.75s。第 19 组数据用于实际预测，根据伤亡预测结果进行相关应急物资预测。

表 1-5　人员死亡率测试结果比较

比较模型	预测均偏差/%	均方根误差	运行时间/s
v-SVM	1.03	0.0286	0.833
SVM	4.06	0.0612	31.513
BP	3.88	0.0488	235.750

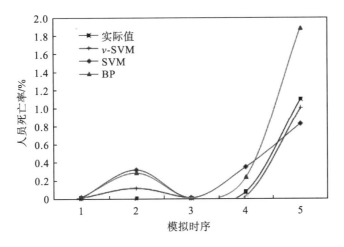

图 1-3　v-SVM 和 SVM 及 BP 神经网络测试输出

1.3.3　人员受伤率预测分析

通过训练获得参数 $a_i^* - a_i$ 的值，如表 1-6 所示。

表 1-6　人员受伤率预测模型中的 $a_i^* - a_i$ 值

序号	1	2	3	4	5	6	7	8	9	10
$a_i^* - a_i$	11.32	-0.00009	-2.79	6.11	0.0016	-12.8	-0.09	1.302	-0.01	0.078

序号	11	12	13	14	15	16	17	18	19
$a_i^* - a_i$	-0.456	-0.016	0.045	-0.05	0.012	-0.0026	0.011	1.45	0.11

图 1-4 为鲁棒小波 v-SVM 模型对样本集的前 15 组数据的训练曲线，训练结果与实际人员受伤率拟合度高，训练均方差为 0.0211，误差均值为 0.0099。

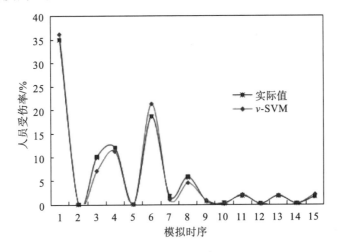

图 1-4　鲁棒小波 v-SVM 受伤率训练曲线

将训练获得的参数值 $a_i^* - a_i$ 装入鲁棒小波 v-SVM 学习机,便得到人员受伤率预测模型,同样,对样本集第 16~18 组数据进行测试,并将测试结果与标准 SVM 和 BP 神经网络进行比较,其输出曲线与预测比较,如表 1-7、图 1-5 所示。从表 1-7、图 1-5 可知,鲁棒小波 v-SVM 用时为 1.313s,其预测精度和运行速度都明显优越于标准 SVM 和 BP 神经网络。

表 1-7   人员受伤率测试结果比较

	预测均偏差/%	均方根误差	运行时间/s
v-SVM	0.889	0.0312	1.313
SVM	1.012	0.0413	28.991
BP	0.997	0.0666	244.115

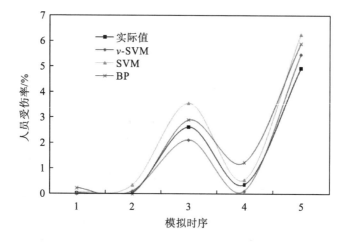

图 1-5 v-SVM 和标准 SVM 及 BP 神经网络对人员受伤率测试输出

1.3.4   预测验证

样本集第 19 组数据为 2013 年"4·20"芦山 7.0 级地震统计数据,鲁棒小波 v-SVM 预测结果如表 1-8 所示。

表 1-8 v-SVM 预测结果

	人员死亡率/%	人员受伤率/%	死亡人数/人	受伤人数/人	未受伤人数/人
实际数	0.108	6.70	216	13400	186384
v-SVM	0.113	6.86	226	13720	186054
|误差值|	0.005	0.16	10	320	330
误差率	0.0463	0.024	0.0463	0.024	0.00177

以上数字算例表明,本书所构建的鲁棒小波 v-SVM 预测模型相比标准 SVM、BP 神经网络优化模型,具有学习速度快、预测精度高和稳定性强的特点,通过设计一种分段压

制噪声的鲁棒损失函数，有效地解决了 SVM 中结构风险偏大的问题；为解决 SVM 中非线性分类误差较大的问题，将 Morlet 母小波函数和 Mexican 母小波函数设计为鲁棒小波 v-SVM 所需的核函数，这为震灾人员伤亡预测提供了有效方法。

1.4　结　　论

　　震灾人员伤亡预测是应急物流领域研究的基本问题，提高震灾伤亡预测的可靠度是众多学者持续研究的热点，为提高预测指标的代表性和一般性，本书以区域灾害系统理论为依据，通过指标分解，并参考现有研究，提出了适宜于震灾伤亡预测的指标体系。由于震灾伤亡预测数据的分布往往具有非线性、随机性、奇异点多和幅值大等特征，通过综合高斯损失函数、Laplace 损失函数和 ρ-不敏感损失函数，设计一种能够分段压制噪声的 Robust 损失函数，提高了 SVM 降噪处理能力；为提高 SVM 在高维空间的分类误差，改变单一核函数缩小误差的局限，将 Morlet 和 Mexican 两类母小波核函数的自变量用满足 Mercer 平移不变核的小波核函数进行替换，构建出预测精度较高的鲁棒小波 v-SVM 预测模型；数字实验显示，相比于标准 SVM、BP 神经网络，鲁棒小波 v-SVM 预测模型在人员死亡训练均方差达到 0.0412、误差均值达 0.0133 时，用时只有 0.833s，在人员受伤预测上，鲁棒小波 v-SVM 的训练均方差为 0.0211、误差均值为 0.0099 时，用时只有 1.313s，表明本书所构建的震灾人员伤亡预测模型具有预测精度高、学习速度快的优势，能够为震灾应急决策提供有效的方法借鉴。

第2章 基于偏高斯曲线的震后人员伤亡估计模型

破坏性地震发生后，如何科学估计灾区人员伤亡人数是应急管理部门提高应急效率的首要工作。近年来，众多学者对震灾人员伤亡估计开展了较为深入的研究，一些成果已在震灾应急实践中发挥了重要作用。然而，由于导致震灾人员伤亡的因素十分复杂，如何选取人员伤亡估计指标和构建有效的预测模型是众多学者研究的热点问题。目前，与之相关的成果主要体现在指标和人员伤亡数量估计方法的研究上，如 Muhammet 等以地震发生时间、震级和人口密度作为指标，通过构建 ANN (artificial neural network，人工神经网络)模型，并用土耳其 40 年来发生的 5 级以上的地震数据验证了 ANN 估计模型的可靠性[19]；Xing 等依据区域灾害系统理论，围绕灾害诱导因素、孕灾环境、受灾区域和承灾能力 4 个方面，提出包括定量和定性指标在内的震灾伤亡估计指标体系，并构建了鲁棒小波 v-SVM 估计模型[20]；Wen 等认为影响地震人员伤亡的因素应是震级、地震发生时间、建筑物状况和人口密度，而且认为地震发生时间是重要影响因素[21]；Ara 认为在破坏性地震中，通常情况下，人口密度越大的灾区，人员伤亡程度也越重[22]；Wang 等以震级、震源深度、震中烈度、准备水平、地震加速度、人口密度、灾害水平为指标，提出基于 ANN 算法的地震伤亡估计模型[23]；Aghamohammadi 等以建筑类型和损坏程度作为伤亡人数估计变量，将 ANN 模型用于地震伤亡人数估计中[24]；Samardjieva 等将震级和人口密度作为自变量，采用多元线性回归方法对地震伤亡人数进行估计[25]；Shan 等将地震发生时间、震级、震中烈度、人口密度、地震持续水平、预测水平作为伤亡预测指标，并将 ANN 模型应用于地震伤亡估计中[26]；Aiko 等发现震灾人员伤亡与建筑内部空间破坏程度高度相关[27]；Max 等对中国喜马拉雅地区两次地震人员伤亡人数数量进行了估计[28]；Shapira 等、马玉宏等考虑房屋倒塌率、人员密度、发震时间和烈度因素，采用最小二乘法对地震伤亡人数进行估计[29,30]；何明哲等引入 Park-Ang 损伤模型中的地震损伤指数，提出基础伤亡指数的震灾人员伤亡估计模型[31]；张洁等以"5·12"汶川地震房屋破坏面积和人员伤亡数据为依据，采用线性回归方法模拟地震人员伤亡估计模型[32]；Feng 等以"5·12"汶川地震为例，采用高分辨率遥感对震灾人员伤亡数量进行估计；吴恒璟等分析建筑物材质结构、损毁程度和人员伤亡数量三者之间的关系，并基于遥感技术(RS)和地理信息系统(GIS)，建立了地震伤亡估计模型[33]；刘金龙等采用回归分析方法，建立以震中烈度为主要参数，以人口密度和震级为辅助参数的震灾人员伤亡估计模型[34]；田鑫等选取地震发生时间、预报水平、人口密度、震级、烈度、建筑物破坏率、设防水平作为估计指标，构建了基于 ANN 的震灾人员伤亡估计模型[35]；施伟华等以云南省 1992～2010 年破坏性地震伤亡数据为基础,采用统计拟合方法,拟合地震烈度与人员伤亡曲线,并用人口密度系数、发震时间系数、灾区地形系数、震中距离系数和显著前兆系数对拟合曲线进行修正[36]。

由文献可知,目前震灾人员伤亡估计指标的选择主要从震灾的物理属性和社会属性两方面考虑,只考虑指标物理属性的学者大多从定量分析的角度,围绕承灾体的脆弱性和非脆弱性两方面提取指标,其目的在于通过客观数据分析提高预测结果的客观性;考虑指标物理属性和社会属性的学者认为定量指标的预测结果尽管具有很好的客观性,但预测对象大多是基于特定场景,而针对多场景的预测效果较差。主要估计方法集中于高阶函数曲线拟合和机器学习两类。其中,高阶函数曲线拟合集中于多元线性或非线性研究,非线性研究主要通过四阶以下曲线、概率分布曲线估计伤亡人数;机器学习方法主要针对指标众多的多维数据,利用人工智能的自适应、泛化能力强的特征,通过对样本数据优化训练后获得震灾伤亡人数估计模型。尽管高阶函数曲线估计精度较好,但维度大多在四阶以下,指标过少,不能有效代表震灾人员伤亡估计的关键因素,预测结果难以推广。同样,采用机器学习方式,能对众多高维数据进行有效处理,并获得很好的测试结果,但机器学习的精度更多来源于前期海量数据,并且模型稳定性较差。

本书依据震灾人员伤亡分布的“两期”规律,以历史灾害数据为基础,采用主成分分析法对指标进行筛选,提出解释能力强的震灾人员伤亡估计指标。在估计方法选择上,依据震中烈度与伤亡人员分布的映射关系,将震中烈度和伤亡人数作为变量,选取偏高斯曲线作为基本估计模型,然后将其余估计指标作为调整系数对偏高斯曲线进行修正,提出基于修正偏高斯曲线的震灾人员伤亡估计模型。

2.1　资料选取与指标选择

2.1.1　资料选取

中国最显著的两个地震带分别是环太平洋地震带和喜马拉雅地震带,台湾、福建等就位于环太平洋地震带上,是中国地震频发地区;位于喜马拉雅地震带区域的主要有西藏、云南、四川、青海、甘肃等,资料显示,近 50 年来,这些地区发生的破坏性地震次数都远高于中国其他地区。因此,选取这些地区作为研究对象具有很强的代表性。为了提高估计模型的普遍适用性,避免因地理环境、人口密度等相近因素限制模型的推广性,除了收集上述地区资料外,再依据地理环境,人口密度,经济发展水平及山区、平原、沿海、农村和城镇等不同因素扩充数据资料,借以提高样本数据的代表性。本书收集了中国 1976～2017 年 6 级以上地震 84 组样本数据(表 2-1)。数据收集渠道包括中国震灾损失评估报告、《中国震例》、《中国统计年鉴》、中国地震台网、国家地震科学数据共享中心等,指标选取和数据收集方法请参见 2.2 节。

表 2-1　　1970～2017 年震灾伤亡数据

编号	地点	地震发生时间	震级/级	震中烈度/度	房屋损毁面积/(×10³m²)	人口密度/(人/km²)	震灾伤亡人数/人 死亡	震灾伤亡人数/人 受伤
1	云南丽江	19:14	7	IX	9590	66.67	309	17057
2	云南宁蒗	19:38	6.2	VIII	4011.4	36.68	5	1593
3	云南姚安	6:09	6.5	VIII	7380.048	114.48	7	2528
4	云南施甸	11:13	5.9	VIII	403.255	161.8	3	235
5	四川汶川	14:28	8	XI	646252.110	13.3	87150	373643
6	河北唐山	3:42	7.8	XI	16150	500	242000	164000
7	云南盈江	8:24	5.9	VIII	54.915	45	5	130
8	青海玉树	7:49	7.1	IX	9097.2	8.95	2968	12315
9	四川雅安	8:02	7	IX	13815	98	217	13484
10	台湾海峡	14:20	7.3	VIII	14.2	236	3	671
11	云南普洱	5:34	6.4	VII	4476	55.8	3	562
12	新疆伽师	10:03	6.8	IX	2060	47.5	268	2058
13	台湾南投	1:47	7.6	XI	1233.570	73.69	2378	8722
14	河北尚义	11:52	6.2	VIII	6500	72.29	49	11439
...	...	...	...	...	...	...	...	...
72	四川松潘—平武	22:06	7.2	IX	7.5	17.5	41	756
73	内蒙古和林格尔	4:15	6.4	VIII	2171.160	34.84	28	865
74	辽宁海城	19:36	7.3	IX	22400	1000	1328	16980
75	云南通海	1:00	7.7	X	5076.840	267.03	15621	32431
76	甘肃民乐—山丹	20:41	6.1	VII	904.090	63	10	46
77	新疆伊犁	9:38	6.1	VII	120	39	10	47
78	山东菏泽	5:09	5.9	VII	5430	5.26	46	5138
79	四川雅江—康定	8:09	6	VIII	332.12	4	3	55
80	云南盈江	12:58	5.8	VIII	2041.30	69.25	25	314
81	甘肃岷县—漳县	7:45	6.6	VIII	3918	9.93	94	628
82	云南景谷	21:49	6.6	VIII	9228.6	38.64	1	324
83	四川康定	16:55	6.3	VIII	2576.2	9	5	54
84	四川九寨沟	21:19	7	IX	1105.065	1260	29	543

2.1.2　指标选择

1. 指标初选

从文献研究和中国地震损失评估报告可以看出,影响震灾人员伤亡的关键因素包括地震发生时间、震级、震中烈度、人口密度、震中距离、救援效率、灾害估计水平、设防等级、房屋损毁面积、震灾地理环境、是否有显著前兆等。其中,救援效率、灾害估计水平这两个指标的主观性较强,在很大程度上将影响估计模型的稳定,本书予以删除;是否有显著前兆、震灾地理环境指标主要通过赋值获取数据，本书参考施伟华等的研究成果将"是否有显著前兆"指标中"有显著前兆"赋值为 0.2、"无显著前兆"赋值为 1.2，"震灾地理环境"指标中"一般"赋值为 1、"差"赋值为 2、"很差"赋值为 3、"极差"赋值为 4。在初选指标上，本书围绕地震发生时间、震级、震中烈度、人口密度、震中距离、房屋损毁面积、设防等级、震灾地理环境、是否有显著前兆等 9 个指标进行数据收集。其中，震级、震中烈度、设防等级等指标，以官方报道为准；人口密度指标按每平方公里的平均人数计算；房屋损毁面积即房屋倒塌面积。

2. 指标筛选

本书采取主成分分析法对初选指标进行筛选，找出各成分贡献率和累计贡献率，然后根据各成分贡献率大小排序，选出主成分特征值大于 1 且累计贡献率大于 85% 的指标作为最终指标。样本数据的归一化处理如下：

$$x_{ij}^* = \frac{x_{ij} - \overline{x}_j}{s_j} \tag{2-1}$$

式中，$\overline{x}_j = \frac{1}{n}\sum_{i=1}^{n} x_{ij}$ 为第 j 个指标的平均值，$s_j = \sqrt{\frac{1}{n-1}\sum_{i=1}^{n}(x_{ij} - \overline{x}_j)^2}$ 为第 j 个指标的样本标准差，x_{ij}^* 为归一化后的标准值，x_{ij} 为第 i 个样本的第 j 个指标值。

利用 SPSS20.0 工具对数据进行因子分析（表 2-2）。选特征值大于 1 且累计值大于 85% 的作为主成分，分析得出 6 个主成分，且累计贡献率为 95.865%＞85%，符合要求，可用这 6 个指标代表初选的 9 个指标，达到降维的目的，但这 6 个指标中，震中距离是解释人员伤亡与震中距离的关系，一般而言，距离震中越远，人员伤亡越小；反之，伤亡越大。从历次地震伤亡来看，房屋倒塌是引起人员伤亡的关键因素，故删去重复描述的震中距离指标，剩下 5 个指标的累计贡献率为 90.993%＞85%，符合要求。故本书将震中烈度、震级、房屋损毁面积、地震发生时间和人口密度 5 个指标作为最终的震灾人员伤亡估计指标。

表 2-2　方差分解主成分提取表

成分	初始特征值			提取平方和载入		
	合计	方差/%	累计/%	合计	方差/%	累计/%
震中烈度	3.931	32.326	32.326	3.931	32.326	32.326
震级	3.376	18.412	50.738	3.376	18.412	50.738
房屋损毁面积	2.772	14.773	65.511	2.772	14.773	65.511
地震发生时间	2.231	12.712	78.223	2.231	12.712	78.223
人口密度	1.801	12.770	90.993	1.801	12.770	90.993
震中距离	1.191	4.872	95.865	1.191	4.872	95.865
设防等级	0.703	2.718	98.583	—	—	—
震灾地理环境	0.195	1.337	99.920	—	—	—
是否有显著前兆	0.088	0.080	100.000	—	—	—

2.2 模型选择与修正

2.2.1 震灾人员伤亡"两期"规律

  震灾人员伤亡的"两期"规律理论认为：地震人员伤亡数量增长需要经历"伤亡增长期"和"伤亡持续期"两个阶段，也就是说，在经历震灾初期人员伤亡数量快速增长后，会出现明显的"拐点"，然后伤亡人数趋向稳定，并越来越少，直至救援结束；曲线"拐点"出现的时间受很多因素影响，如震级、震中烈度、救援水平、地震发生时间、是否有显著前兆等，地震伤亡规模不同，"拐点"出现时间也不同。一般来讲，伤亡规模较大的地震，"拐点"出现的时间较晚，多在震后 7 天以后，有的甚至是 14 天以后；伤亡规模较小的地震，"拐点"出现的时间较早，一般在震后 7 天内出现。为验证震灾人员伤亡"两期"规律的正确性，张鹭鹭等根据中国地震台网发表的数据，选择 17 个典型震例验证震灾人员伤亡"两期"规律。验证结果表明，震灾人员伤亡分布的共同特征是：每一个震例在经历前一阶段人员伤亡数量快速增长后，都会出现"拐点"，随后进入伤亡数量缓慢增长期，直至饱和。

  为进一步验证震灾人员伤亡"两期"规律的正确性，课题组按地震伤亡人数的数量级，将地震分为三组：十人组、数百人组及数千人及以上组，并对每组进行验证。考虑表 2-1 数据的局限性，课题组在表 2-1 中增加 13 组国外地震案例。依据官方实时报道，按每小时实时报道伤亡人数占总伤亡人数的百分比绘制散点图，并添加偏高斯曲线拟合，验证结果表明所有样本数据都有如图 2-1～图 2-3 所示的类似特征。

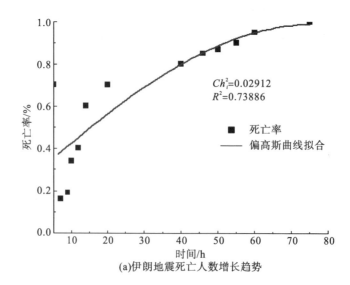

(a)伊朗地震死亡人数增长趋势

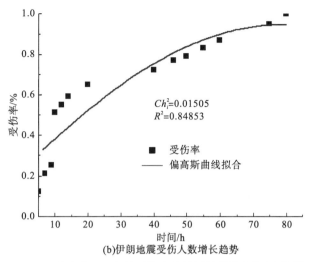

(b)伊朗地震受伤人数增长趋势

图 2-1　2006 年伊朗 6.0 级地震伤亡人数增长趋势(采用高斯模型)

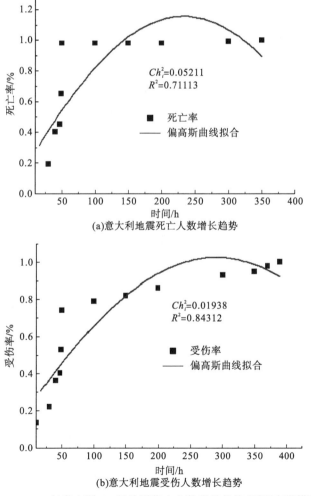

(a)意大利地震死亡人数增长趋势

(b)意大利地震受伤人数增长趋势

图 2-2　2009 年意大利 6.3 级地震伤亡人数增长趋势(采用高斯模型)

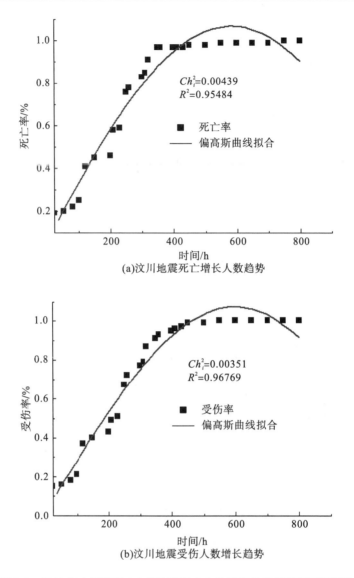

(a)汶川地震死亡增长人数趋势

(b)汶川地震受伤人数增长趋势

图 2-3　2008 年中国汶川 8.0 级地震伤亡人数增长趋势(采用高斯模型)

　　图 2-1 为伤亡数十人组代表,从震灾伤亡趋势看,死亡人数和受伤人数增长趋势都有"两期"规律特征,震灾死亡人数增长时间一般不超过 80h,受伤人数增长时间一般不超过 90h,伤亡人数增长期为前 30h,一般死亡人数达到 85%以上、受伤人数达到 90%以上,增长趋势出现"拐点",然后进入平稳增长期。

　　图 2-2 为伤亡数百人组代表,一般死亡人数达到 80%以上、受伤人数达到 75%以上,增长趋势出现"拐点",然后进入平稳增长期。死亡人数高速增长时间一般在 50~100h,受伤人数高速增长时间一般在 10~50h。数百人组震灾伤亡增长趋势都存在明显"拐点",都会经历伤亡人数的高速增长期、"拐点"和平稳期。

　　图 2-3 为伤亡数千人及以上组代表,这类震灾与图 2-2 类似,都存在明显的"拐点",受伤人数增长时间一般在 400h 以上,均存在伤亡人数高速增长期、"拐点"和平稳增长特征。

以上验证表明，震灾伤亡人数增长趋势呈现明显的快速增长期、"拐点"和平稳增长期，这与"两期"变化规律基本一致，这为本书模型选择提供了理论依据。

2.2.2　模型选择

震灾人员伤亡受众多因素的影响，这些因素大多具有不确定性特征。因素的不确定性是导致震灾人员选择估计模型的主要难点，也是众多估计方法推广性差和估计精度不高的关键。由前面文献可知，目前震灾伤亡估计的主要方法包括对数函数法、线性回归法、高阶非线性拟合、人工神经网络(artificial neural network，ANN)和概率估算法及伤亡指数法等(表 2-3)。

表 2-3　震灾人员伤亡估计方法优缺点

方法	主要内容	优点	缺点
对数函数法	震级、烈度等单因素与震灾伤亡数之间的对数关系，用人口密度、地震发生时间等系数对对数曲线进行修正	适用于特定区域	模型稳定性差、精度不高
线性回归法	单因素线性拟合和多因素线性拟合。单因素线性拟合主要是烈度法，多因素线性拟合研究震灾伤亡人员与多个关键因素之间的线性关系	适用于特定区域	模型推广性不高、稳定性差
高阶非线性拟合	研究高阶非线性指标与震灾伤亡人数之间的函数关系	适用于特定区域和大规模地震	局限于低阶参数的研究，稳定性差
ANN	针对高阶非线性指标，通过优化训练后，对震灾人员伤亡人数进行估计	自适应性强、拟合精度高	数据收集难、估计结果不稳定
概率估算法	研究震灾关键因素影响下，如建筑破坏率、震级、震中烈度等，对人员伤亡发生概率进行估算	具有普遍适用性	估计效果差
伤亡指数法	考虑承灾体易损性，根据不同震级，研究建筑结构变形对人员伤亡的影响	理论意义强	数据获取难、难以推广

由表 2-3 可知，震灾人员伤亡估计方法众多，每种方法考虑因素不同，资料选取不同，适用范围也不一样，各有优缺点，但震灾伤亡估计方法的稳定性、推广能力和估计精度一直是研究的难题。从方法的适用范围来看，高阶非线性曲线、ANN、多元线性回归曲线、对数函数等方法适用范围较广，但模型的估计精度不稳定。

震灾人员伤亡的"两期"规律理论指明：震灾人员伤亡人数增长趋势都会经历伤亡人数快速增长期、"拐点"和平稳增长期，直至伤亡增长结束。进一步研究发现，在函数表现形式上，偏高斯曲线与震灾人员伤亡"两期"规律理论增长趋势接近，从 2.1 节中"两期"规律验证可知，偏高斯曲线拟合后的相关系数 R^2 一般为 0.65~0.98，拟合效果较好的是伤亡数百人组、伤亡数千人及以上组，其拟合精度一般为 0.75~0.98；拟合效果较差的是伤亡数十人组，其拟合精度一般为 0.65~0.75，但总体趋势与"两期"规律一致，表明偏高斯曲线更适合各类震灾估计环境，具有较好的适用性。为了描述偏高斯曲线的数学表达式，首先需从震灾伤亡估计指标中找出与人员伤亡相关度高的指标，以便计算出偏高斯曲线的参数值。以震灾人员死亡人数预测为例，分析结果显示，震中烈度、震级、房屋损毁面积、地震发生时间和人口密度都与震灾死亡人数相关；其中，震灾死亡人数与震级呈对应关系，但离散性较大，难以用数学方程给予描述［图2-4(a)］；与震中烈度呈清晰的映射关系，随着震中烈度的增大，死亡人数随之增加［图2-4(b)］；与人口密度之间的定性关系模糊，看不出很好的函数关系［图2-4(c)］；与房屋损毁面积没有理想的对应关系［图2-4(d)］；与地震发生时间的关系也比较模糊［图2-4(e)］。

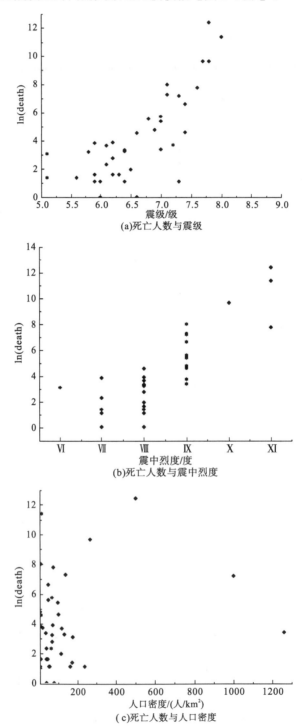

(a)死亡人数与震级

(b)死亡人数与震中烈度

(c)死亡人数与人口密度

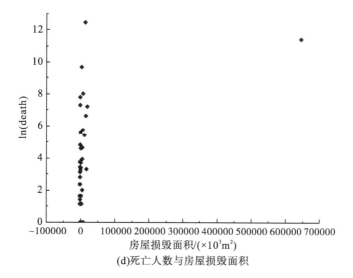

(d)死亡人数与房屋损毁面积

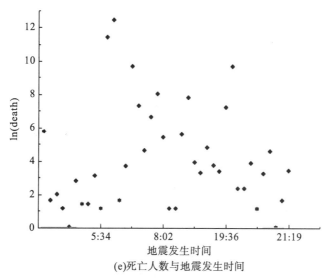

(e)死亡人数与地震发生时间

图 2-4　各指标与震灾伤亡人数之间的关系

　　综上，本书选取偏高斯曲线作为震灾人员伤亡估计的基本模型，以震中烈度为主要参数求取偏高斯曲线表达式。在偏高斯曲线求取上，本书求不同震中烈度下伤亡人数平均值，并对伤亡人数取自然对数[ln(death)]，以获得伤亡人数与震中烈度之间的离散对数关系(图 2-5)，使震灾人员伤亡分布与偏高斯曲线相同。

　　经参数回归后得到震灾人员伤亡的偏高斯曲线表达式。

　　震灾人员死亡曲线：

$$\ln(D_{\mathrm{m}}) = 12.051 \mathrm{exp}^{-(\ln(\ln I)-2.113)^2/2\times0.26^2} \tag{2-2}$$

式中，D_{m} 为震中烈度为 I 时的平均死亡人数。

　　震灾人员受伤曲线：

$$\ln(W_{\mathrm{m}}) = 46.171 \mathrm{exp}^{-(\ln(\ln I)-2.107)^2/2\times0.23^2} \tag{2-3}$$

式中，W_m 为震中烈度为 I 时的平均受伤人数。

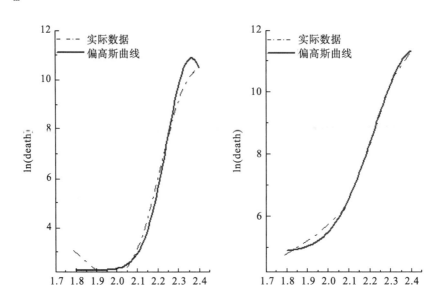

图 2-5　震灾人员伤亡与震中烈度的离散对数关系

　　式(2-2)、式(2-3)成立需满足如下假设条件。

　　(1)震灾人员伤亡分布具有偏高斯性。根据震灾人员伤亡"两期"规律和图 2-3，总体上看，震灾人员伤亡符合偏高斯分布规律。

　　(2)没有破坏性的次生灾害或衍生灾害。通过验证，式(2-2)、式(2-3)在出现破坏性次生灾害或衍生灾害时，人员伤亡波动较大，其估计精度不高，如日本"3·11"地震、安达曼海"12·26"地震等。由表 2-1 可知，中国历次地震人员伤亡主要由首次地震造成，故该假设条件基本满足中国震灾人员伤亡特点。

　　(3)震灾人员死亡和受伤人数不为 0。进一步验证显示，式(2-3)的适用性不高，原因在于震灾人员受伤标准不明确，造成每次地震受伤人数的统计口径不一致。尽管本书用表 2-1 数据拟合出了震中烈度与受伤人数之间的函数关系，但用其他数据验证后表明，式(2-3)估计精度较差，不具有推广性。为了解决这个问题，本书采用施伟华的研究成果，他通过大量数据验证得出震中烈度与死亡、重伤(轻伤)比值之间的函数关系(表 2-4)，本书将在死亡估计模型基础上，参照表 2-4 对震灾受伤人员数量进行估计。因此，下面将重点研究震灾人员死亡估计模型。

表 2-4　不同烈度下震灾人员伤亡比值

震中烈度/度	死亡与重伤比值	死亡与轻伤比值
Ⅵ	1:1.7	1:12.5
Ⅶ	1:8.3	1:11.1
Ⅷ	1:14.7	1:7.9
Ⅸ	1:2.7	1:4.1

2.2.3　偏高斯曲线修正

1. 修正原因

(1) 由 2.2.1 节可知，偏高斯曲线拟合后的相关系数 R^2 一般为 0.65～0.98，尤其是对伤亡数十人组的拟合效果不好，主要原因在于偏高斯曲线忽略了相同烈度下震级、人口密度、地震发生时间和房屋损毁面积等因素对震灾人员伤亡的影响。

(2) 偏高斯曲线中的死亡人数为同震中烈度下的平均死亡数，这在很大程度上掩盖了同一震中烈度下死亡人数的差异。采用平均数估计同一震中烈度下的死亡人数是不符合实际的，需要综合考虑多种因素对估计曲线的影响。

(3) 在相同震中烈度下，由于震级不同，各烈度区的面积存在差异，会导致相同震中烈度下震灾人员伤亡情况不同。

基于以上原因，需要修正偏高斯曲线，以便提升偏高斯曲线的估计精度。本书将采用震级修正系数、地震发生时间修正系数、人口密度修正系数和房屋损毁面积修正系数对偏高斯曲线进行修正。

2. 基于指标修正系数的偏高斯曲线调整

(1) 震级修正系数。本书参考刘金龙的思路，根据表 2-1 数据，建立震级与伤亡人数之间的对数关系：

$$\ln(D) = 1.66(\text{mag} - 4.77) \tag{2-4}$$

式中，D 为震灾死亡人数，mag 为震级。

定义震级修正系数 η_{mag} 为实际震级下的伤亡人数与相同 $\ln I$ 的平均震级的死亡人数均值的比值，其表达式为

$$\eta_{\text{mag}} = \left| \frac{\ln(D)}{\ln(D_{\text{m}})} \right| = \left| \frac{1.66(\text{mag} - 4.77)}{1.66(\text{mag}_{\text{m}} - 4.77)} \right| \tag{2-5}$$

式中，mag_{m} 为同一 $\ln I$ 的平均震级，D_{m} 为平均震级下的死亡人数均值。通过进一步回归求得震中烈度与平均震级之间的函数关系：

$$\text{mag}_{\text{m}} = 0.472\ln I + 2.11 \tag{2-6}$$

将式 (2-6) 代入式 (2-5) 中，得到最终的震级修正系数表达式：

$$\eta_{\text{mag}} = \left| \frac{1.66(\text{mag} - 4.77)}{1.66(0.472\ln I - 2.66)} \right| \tag{2-7}$$

式 (2-7) 的意义在于当 $\eta_{\text{mag}} > 1$ 时，在震中烈度相同时，实际震级 mag 大于该震中烈度对应的平均震级 mag_{m}。此时，在其他条件一定时，高烈度区的死亡数所占比例较高，震灾伤亡估计曲线应乘以 $\eta_{\text{mag}} > 1$ 的系数；当 $\eta_{\text{mag}} < 1$ 时，说明实际震级 mag 小于该震中烈度对应的平均震级 mag_{m}，震灾伤亡估计曲线应乘以 $\eta_{\text{mag}} < 1$ 的系数；当 $\eta_{\text{mag}} < 0$ 时，取系数 $\eta_{\text{mag}} = 1$。

(2) 地震发生时间修正系数。地震发生时间对人员伤亡数量影响很大，震灾发生时间

在白天所造成的伤亡人数一般少于晚上。本书采用施伟华等提出的地震发生时间加权系数来对地震发生时间系数 g_{time} 进行赋值，如表 2-5 所示。

表 2-5　地震发生时段修正系数

地震发生时段	1:00～5:59	6:00～8:59	9:00～19:59	20:00～00:59
人员户外率/%	0	50	90	30
修正系数(g_{time})	2	1	5/9	5/3

（3）人口密度修正系数。人口密度对震灾人员伤亡数量影响重大，是震灾人员伤亡估计不可忽略的客观因素。众多破坏性震灾显示，在同一震中烈度下，人口密度不同，人员伤亡数量有很大差异。总体上，人口密度大的，其伤亡人数较多；反之，人口密度小，伤亡人数也较少。在表 2-1 中选取震中烈度为Ⅸ的数据，通过消除震级差异对人员伤亡的影响后，再采用回归分析方法得到震灾死亡人数与人口密度之间的函数关系：

$$\ln(D) = 0.676\ln(den) + 3.031 \tag{2-8}$$

定义人口密度修正系数 p_{den} 为

$$p_{den} = \frac{0.676\ln(den) + 3.031}{0.676\ln(den_m) + 3.031} \tag{2-9}$$

式中，den 为震灾发生时当地平均人口密度，den_m 为同期全国平均人口密度，以 2000 年国家统计局颁布的人口密度分布图为基础，按一定增长率计算同期平均人口密度，计算得 $\ln(den_m)=4.9$。式（2-9）的意义在于：当震灾地区同期人口密度 den 大于平均人口密度 den_m 时，震灾人员伤亡估计曲线应乘以 $d_{den}>1$ 系数；反之，当震灾地区同期人口密度 den 小于平均人口密度 den_m 时，震灾人员伤亡估计曲线应乘以 $d_{den}<1$ 的系数。则式（2-9）可以简化为

$$p_{den} = 0.107\ln(den) + 0.478 \tag{2-10}$$

（4）房屋损毁面积修正系数。震灾人员伤亡主要因房屋倒塌造成。拟合出房屋损毁面积均值与平均死亡人数之间的函数关系：

$$\ln(D_m) = -239.97 + 27.67\ln(S_m) - 0.76(\ln(S_m))^2 \tag{2-11}$$

式中，S_m 为同一烈度下房屋损毁平均面积。定义房屋损毁面积修正系数为

$$\mu_{area} = \frac{-239.97 + 27.67\ln(S) - 0.76(\ln(S))^2}{-239.97 + 27.67\ln(S_m) - 0.76(\ln(S_m))^2} \tag{2-12}$$

式中，S 为震灾发生后实际房屋损毁面积。式（2-12）的意义在于，当 $S>S_m$ 时，震灾死亡估计曲线应乘以 $\mu_{area}>1$ 的系数；反之，当 $S<S_m$ 时，震灾死亡估计曲线应乘以 $\mu_{area}<1$ 的系数；当 $S=S_m$ 时，震灾死亡估计曲线应乘以 $\mu_{area}=1$ 的系数。进一步计算得到不同震中烈度下的 $\ln(S_m)$，如表 2-6 所示。

表 2-6　不同震中烈度下房屋损毁面积均值

震中烈度	Ⅶ	Ⅷ	Ⅸ	Ⅹ	Ⅺ
$\ln(S_m)$	14.66	15.22	15.83	15.44	19.21

由以上分析，得到修正后的震灾人员死亡估计模型，即修正后的偏高斯估计曲线：

$$D = e^{\eta_{mag} \cdot g_{time} \cdot p_{den} \cdot \mu_{area} \cdot 12.051 e^{-(\ln(\ln I)) - 2.113)^2/2 \times 0.26^2}} \tag{2-13}$$

式中，D 为震灾死亡估计人数，η_{mag}、g_{time}、p_{den}、μ_{area} 分别为震级修正系数、震灾发生时间修正系数、人口密度修正系数、房屋损毁面积修正系数。

2.3　模型验证

2.3.1　样本数据处理

本书将目前主流估计方法，如高阶非线性估计法、对数函数法、ANN、多元线性回归等，与本书提出的修正偏高斯估计曲线进行比较，考察修正偏高斯估计曲线的精度和稳定性。其中，高阶非线性估计法、多元线性回归法分别以表 2-1 中的震级、震中烈度、地震发生时间、人口密度和房屋损毁面积为自变量，震灾伤亡人数为因变量；为消除指标量纲上的差异，采用式(2-1)对表 2-1 数据进行归一化处理，估计结果再通过反归一化获取估计值。对数函数法以表 2-1 中的震中烈度为自变量，震灾伤亡人数为因变量。修正偏高斯估计曲线以表 2-1 样本数据为基础，按 2.2.3 节的修正系数公式分别计算 84 个样本的 η_{mag}、g_{time}、p_{den}、μ_{area} 的系数值(表 2-7)。

表 2-7　修正偏高斯估计曲线的修正系数

编号	地点	I	g_{time}	η_{mag}	μ_{area}	p_{den}
1	云南丽江	IX	5/9	3.6	1.1	0.93
2	云南宁蒗	VIII	5/9	2.4	0.9	0.86
3	云南姚安	VIII	1	2.9	0.9	0.99
4	云南施甸	VIII	5/9	1.9	1.3	1.02
5	四川汶川	XI	5/9	4.9	2.3	0.75
6	河北唐山	XI	2	4.6	1.9	1.14
7	云南盈江	VIII	1	1.9	0.6	0.89
8	青海玉树	IX	5/9	3.8	1.4	0.71
...	...	...	...	...	...	...
79	四川雅江—康定	VIII	1	2.1	0.9	0.63
80	云南盈江	VIII	5/9	1.7	0.7	0.93
81	甘肃岷县—漳县	VIII	1	3.1	1.0	0.72
82	云南景谷	VIII	5/3	3.1	1.0	0.87
83	四川康定	VIII	5/9	2.6	1.0	0.71
84	四川九寨沟	IX	5/3	3.6	1.2	1.24

2.3.2 模型精度测试

本书采用 5-Fold 测试方法，模型测试分为两个阶段。第 1 阶段：将表 2-1 中的 1～80 组数据用于模型测试，随机地将前 80 组数据分为 5 组，每组样本数为 16，且每组样本数据不重复。第 2 阶段：将表 2-1 中的第 81～84 组数据用于模型验证，进一步测试模型的准确性。模型精确度采用式 (2-14) 的均方根误差 (RMSE) 和式 (2-15) 的确定系数 (R^2) 对估计曲线进行比较。RMSE 对估计结果的特大、特小误差反应敏感，能够很好地反映模型的精度，RMSE 越小，说明估计曲线拟合效果越好；R^2 描述估计曲线中自变量对因变量的解释能力，取值范围为 [0,1]，R^2 越接近 1，表明估计曲线的自变量对因变量解释能力越强，该估计曲线的拟合效果越好。

$$\text{RMSE} = \sqrt{E(Y_i - \hat{Y}_i)^2} = \sqrt{\text{var}(Y_i - \hat{Y}_i) + \left[E(Y_i) - E(\hat{Y}_i) \right]^2} \tag{2-14}$$

式中，Y_i 为 i 次震灾伤亡人数实际值，$\hat{Y}_i$ 为 i 次的验证值或测试值。

$$R^2 = 1 - \sum_{i=1}^{n}(Y_i - \bar{Y})^2 / \sum_{i=1}^{n}(Y_i - \hat{Y})^2 \tag{2-15}$$

式中，Y_i 为震灾伤亡人数实际值，$\bar{Y}_i$ 为震灾伤亡人数实际值的平均值，$\hat{Y}$ 为估计曲线的测试值或验证值。

验证输出的 RMSE 如表 2-8 所示，精度对比如图 2-6 所示。

表 2-8　估计模型精度对比

组别	高阶非线性模型		多元线性回归模型		ANN		对数函数		修正偏高斯曲线	
	RMSE	R^2	RMSE	R^2	RMSE	R^2	RMSE	R^2	RMSE	R^2
第 1 组	11.07	0.82	41.26	0.78	6.48	0.98	18.39	0.82	3.10	0.96
第 2 组	995.15	0.79	11183.94	0.83	752.12	0.92	6562.03	0.79	370.58	0.94
第 3 组	115.92	0.91	356.25	0.69	49.44	0.89	264.89	0.90	77.32	0.91
第 4 组	176.98	0.88	845.47	0.87	43.45	0.96	418.38	0.77	15.94	0.86
第 5 组	8.33	0.81	19.76	0.75	7.47	0.98	12.39	0.84	2.94	0.94
平均值	261.49	0.84	2489.34	0.78	171.79	0.95	1455.22	0.82	93.98	0.92

从稳定性看，多元线性回归模型最差，其 RMSE 为 2489.34，修正偏高斯曲线最好，其 RMSE 为 93.98，其次是 ANN 模型，其 RMSE 为 171.79。

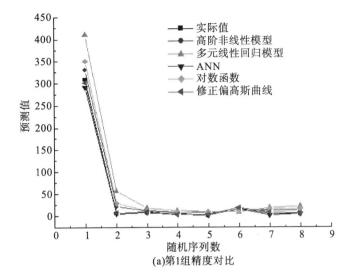

(a)第1组精度对比

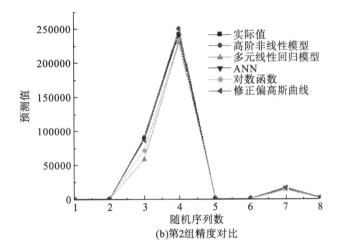

(b)第2组精度对比

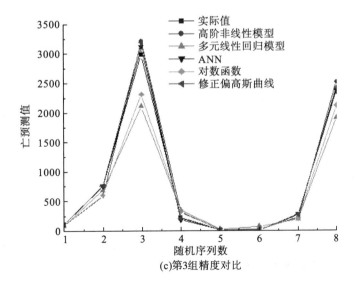

(c)第3组精度对比

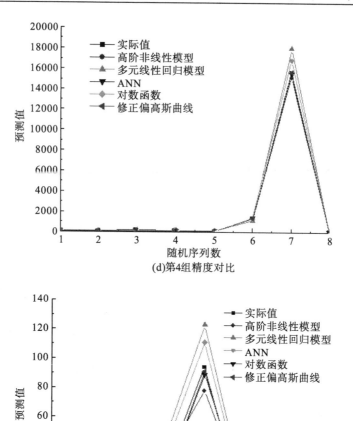

图 2-6   5-Fold 模型精度验证

从变量的解释能力来看，ANN 模型最好，其 R^2 确定系数为 0.95，修正偏高斯曲线的 R^2 确定系数为 0.92，说明 ANN 模型的拟合效果好于修正偏高斯曲线。

尽管 ANN 模型的拟合效果好于修正偏高斯曲线，但 ANN 模型估计的稳定性较差，其 RMSE 为 171.79，修正偏高斯曲线的 RMSE 为 93.98，说明修正偏高斯曲线估计结果的离散性最小，稳定性最高，模型具有很好的推广性。

2.3.3   敏感性分析

为进一步确定修正偏高斯曲线的可靠性，下面分别对 ANN 模型和修正偏高斯曲线做敏感性分析，分别以震中烈度、震级、地震发生时间、人口密度和房屋损毁面积为敏感性参数，分别考察每个参数值在上升 0.1 和下降 0.1 时的模型估计结果的变动幅度(表 2-9)。

表 2-9 ANN 模型和修正偏高斯曲线敏感性分析

	系数	$\ln I$	震级	地震发生时间	人口密度	房屋损毁面积
修正偏高斯曲线	a=0.1	0.032	0.013	0.033	0.024	0.172
	b=-0.1	0.017	0.011	0.041	0.031	0.206
ANN	a=0.1	0.170	0.077	0.069	0.207	0.477
	b=-0.1	0.090	0.141	0.102	0.312	0.381

表 2-9 表明，在参数分别取 a=0.1 和 b=-0.1 时，修正偏高斯曲线的敏感度低于 ANN，说明修正偏高斯曲线稳定性好于 ANN 模型。

综上，尽管修正偏高斯曲线的拟合度稍差于 ANN 模型，但修正偏高斯曲线的稳定性高于 ANN 模型，在估计精度接近条件下，模型的稳定性更具有实际意义，表明本书提出的修正偏高斯曲线估计可靠性更好。

2.3.4 模型验证

选择表 2-1 中第 81～84 组样本数据对模型进行验证，进一步检验修正偏高斯曲线的效果，验证结果如表 2-10 所示，拟合效果如图 2-7 所示。

表 2-10 模型验证对比

编号	地点	震中烈度	实际死亡人数/人	修正偏高斯曲线	ANN	高阶非线性模型	多元线性模型	对数函数
81	甘肃岷县—漳县	Ⅷ	94	91	98	88	103	101
82	云南景谷	Ⅷ	1	4	5	7	8	9
83	四川康定	Ⅷ	5	7	2	9	16	11
84	四川九寨沟	Ⅸ	29	26	24	21	46	19
	RMSE			2.78	4.06	6.16	11.62	7.89
	R^2			0.91	0.93	0.88	0.74	0.83

由表 2-10 可知，修正偏高斯曲线的稳定性好于其他估计模型，其 RMSE 为 2.78。

图 2-7 中，拟合效果最好的是 ANN 和修正偏高斯曲线，修正偏高斯曲线的 R^2 为 0.91，在预期的估计精度范畴，ANN 为 0.93，ANN 拟合效果略好于修正偏高斯曲线，拟合效果最差的是多元线性模型。

总体来讲，模型验证结果与测试结果基本一致，尽管本书提出的修正偏高斯曲线在拟合精度上略差于 ANN 模型，但修正偏高斯曲线的估计精度仍较高，且稳定性好于 ANN 模型，说明本书提出的修正偏高斯曲线具有稳定性能好、估计精度高的优势。进一步依据表 2-4 对震灾伤亡人数进行估计，估计结果如表 2-11 所示。

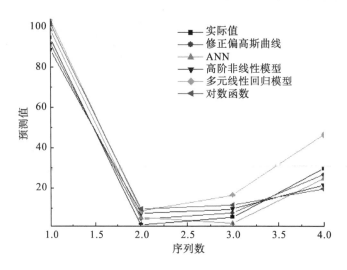

图 2-7　拟合效果

表 2-11　震灾人员受伤数量估计

编号	地点	震中烈度	死亡人数/人	实际受伤人数/人	估计受伤人数/人		估计受伤人数/人	误差系数
					重伤人数	轻伤人数		
81	甘肃岷县—漳县	Ⅷ	94	628	1382	743	2125	2.38
82	云南景谷	Ⅷ	1	324	15	8	23	0.93
83	四川康定	Ⅷ	5	54	74	40	114	1.11
84	四川九寨沟	Ⅸ	29	543	78	119	197	0.64

注：估计误差系数=|实际受伤人数-估计人数|/实际受伤人数

由表 2-1 可知，采用表 2-4 的标准对震灾受伤人数估计效果较差，总体上估计值大于实际值，且误差系数较大。通过进一步调查发现，普遍存在震灾受伤人数统计数据不正确，重伤和轻伤划分标准模糊，尤其轻伤人员的统计十分随意的情况，数据的不真实是造成估计不准确的主要原因。

2.4　结论与讨论

本书在震灾伤亡人数估计指标筛选基础上，提出修正偏高斯估计模型，研究结果如下。

(1)本书确定的震灾伤亡人数估计指标具有解释能力强、指标推广性好的特征。震中烈度与人员伤亡强相关，震级、人口密度、震灾发生时间和房屋损毁面积对模型有很好的修正能力，修正后的估计精度提升不低于 9%。

(2)本书以震灾人员伤亡"两期"规律理论为依据，以震中烈度为主要变量，将偏高斯曲线用于震灾伤亡人数估计中。为提高模型的估计精度和稳定性，采用系数调整方法对偏高斯曲线进行修正，验证结果表明，修正偏高斯曲线的稳定性最好，测试结果 RMSE

为 93.98，验证结果 RMSE 为 2.79。在拟合精度上，修正偏高斯曲线差于 ANN 模型，其 R^2 的测试值为 0.92、验证值为 0.91；ANN 的 R^2 测试值为 0.95、验证值为 0.93。敏感性分析表明，修正偏高斯曲线随参数的变动，敏感性低，而 ANN 敏感性较高，说明 ANN 模型稳定性不好。结果表明：修正偏高斯曲线具有估计精度好、稳定性高的优势。

　　本书所提出的修正偏高斯曲线估计模型是基于一些假设条件的。例如：不存在破坏性次生灾害或衍生灾害、伤亡人数不为 0 等，这在一定程度上降低了模型的适用性。在实际地震场景中，主地震发生后，常伴随有余震，一些人员伤亡也是由余震造成的，模型对这类情况的估计效果不好，如对日本"3·11"地震伤亡人数的估计。课题组未来需要对模型的通用性、稳定性和估计的精度进行更深入的研究。本书模型对震灾受伤人员估计效果不好，建议政府应急管理部门进一步完善震灾受伤人员等级划分标准，以期提高重伤、轻伤人员统计数据的准确性，为科研人员提供可靠的基础数据。

第3章 基于RBF神经网络的震伤人员快速评估模型

震灾发生初期的首要任务是灾区被困人员的生命救援,在展开生命救援的同时需要就灾区人员受伤情况进行快速评估,为应急决策中心拟定紧急救援预案、筹集最低保障医用物资、统筹医用资源和降低灾害损失提供重要决策依据。因此,震灾发生后,如何快速、可靠地对灾区受伤人员情况做快速评估或预测就成为应急物流研究领域中的热点问题,也是国内外学者研究的难点之一。

从近五年的文献来看,在震灾人员伤亡评估研究上,大多数文献主要集中于两个方面的研究。一是关于震后伤亡人员影响因素和预测指标的研究,如 Huang 等从系统风险分析的角度提出震中烈度、人口密度、应急物资提供能力等 11 个震灾人员伤亡预测指标体系,并以国内发生的 19 次震灾伤亡数据为训练样本,构建了鲁棒小波 v-SVM 的震灾伤亡预测模型[37];吴恒璟等分析了地震伤亡人数与建筑材质结构、建筑损毁程度三者之间的关系[38];钱枫林等选取震级、震中烈度、地震发生时间、预报水平、人口密度、抗震设防水平等 6 项因素作为震灾人员伤亡预测的指标体系[39];Nichols 等和朱佳翔等采用回归分析方法拟合地震震级与人员伤亡之间的关系[40,41];Samardjieva 等研究了震中烈度与人员伤亡率之间的关系[42,43]。二是关于突发事件人员伤亡预测方法的研究。例如,马红燕等运用灰色系统理论,针对人口高密度地区震灾伤亡预测的现实问题,提出灰色 $GM(1,1,k^2)$ 预测模型及其算法[44];董曼等依据 8 次震灾伤亡数据,分别采用修正指数曲线、龚铂茨曲线、逻辑斯谛曲线对震后伤亡人数进行估计[45];李媛媛等以地震动分布系统(shake map)生成的地震动数据为基础,对地震伤亡人数进行评估[46];何明哲等引入 Park-Ang 损伤模型中的地震损伤指数概念,提出基于地震损伤指数的人员伤亡预测模型[47]。

由以上文献综述可知,在地震伤亡评估指标研究方面,现有指标体系主要围绕承灾体易损性影响因子和致灾因子、孕灾环境等方面提出,较全面地提出了人员伤亡的直接或间接影响因素,这为本书震伤评估指标的提取提供了很好的借鉴,但已有文献在指标设置上也存在一些不足。一是指标的代表性和一般性不足,如文献[38]从非易损性视角提出了震伤人员评估指标,但未考虑人员在室率、人员自救能力等这类能够直接影响人员伤亡结果的关键性指标,其结果的可靠性有待检验;文献[37]虽然考虑了易损性指标的直接影响作用,但指标设置的一般性有待商榷。二是评估指标的全面性不足,大多文献只考虑了单一致灾因子对人员伤亡造成的影响,很少从灾害链的角度提取伤亡评估指标,造成评估结果与实际差异较大。在伤亡评估方法研究方面,现有方法较少考虑灾害数据获取的不确定性特征,更多文献从指标的确定性信息入手选取伤亡评估方法,比较集中的方法为线性曲线拟合法、地震损伤指数法等,一些文献进一步考虑了指标的小样本性和非线性特征,将人工智能评估方法引入震灾伤亡预测中,这在一定程度上提高了评估方法的适用范围和评估结果的可靠性,但方法使用较为单一,评估结果精度较差。本书的不同之处在于:在指标提取上,围绕承灾体脆弱性,从减抗风险能力、承灾体暴露性和敏感性等方面提出震伤人员评估指标体系;在方法选取上,考虑评估数据的模糊性、小样本性及复杂非线性特征,将模糊逻辑与 BP 神经网络结合起来,提出基于 RBF 神经网络的震伤人员快速评估模型,其目的在于降低模糊信息训练输出的随机性和评估结果的偏离水平。

3.1 震伤评估指标选取

灾害脆弱性是承灾体面对潜在灾害危险时,在经济、社会、环境、自然等因素共同作用下所表现出的减抗风险能力、暴露性及敏感性[48]。灾害系统理论认为致灾因子是灾害形成的直接原因,承灾体的脆弱性是灾害形成的根本原因,也就是说,震灾造成人员的伤害不仅取决于震灾烈度,更取决于承灾体的减抗风险能力、暴露性和敏感性,如减抗风险能力中的人员自救能力和应急救援水平、敏感性中的建筑物毁坏程度、暴露性中的人员在室率等。

3.1.1 指标初选

依据灾害脆弱性定义及灾害系统理论,本书选取震级、震中烈度、建筑损毁程度、震时人员在室数、人员自救能力和地震发生时间等 6 个初选指标;通过文献调查、专家问询等方式,对初选指标进行补充,在 6 个初选指标基础上,增加应急救援水平、次生灾害发生概率及灾区人口总数 3 个指标。

各个指标选取的原因:初选的 9 个评估指标,主要由承灾体减抗风险能力、暴露性及敏感性 3 个影响维度分解得到,指标的选取必须与受伤人数显著相关。历次震灾数据表明,震级、震中烈度将直接导致承灾体脆弱性增强,是导致人员受伤的关键因素;建筑损毁程度和人员在室率与人员受伤数量成正相关,通常情况下,建筑损坏程度越严重,震时人员在室数越高,受伤人数越多;地震发生时间与人员受伤数量有很大关联性,地震发生时间不同,人员在室情况有异,其受伤程度往往不同;灾区人口总数反映灾区人口密度,一般来讲,受灾人口越多,人员受伤数量越多;人员自救能力和应急救援水平与人员受伤数量成负相关,人员自救能力和应急救援水平越高,人员受伤数量越少,这两个指标反映了社会防灾减灾能力。

3.1.2 指标筛选

为进一步验证初选指标的代表性和相对独立性,本书采取主成分分析方法(PCA),分两次对初选指标进行筛选,找出各成分贡献率和累计贡献率,然后根据各成分贡献率大小排序,选出累计贡献率为 87%~98%的指标作为最终评估指标。第一次 PCA 分析以专家评分为样本数据，第二次 PCA 分析以文献[3]中 1990 年以来发生的 53 次破坏性地震的原始数据为基础，通过进一步处理后作为样本数据。通过两次 PCA 分析，弥补定性分析与定量分析的不足，如两次分析的累计贡献率达到所设阈值，并且各成分指标一致，则说明本书提出的评估指标具有很好的代表性，否则需进一步调整和改进。两次 PCA 分析所需样本数据的无量纲处理采用如下公式：

$$x_{ij}^* = \frac{x_{ij} - \overline{x}_j}{s_j} \tag{3-1}$$

式中，$\overline{x}_j = \frac{1}{n}\sum_{i=1}^{n} x_{ij}$ 为第 j 个指标的平均值，$s_j = \sqrt{\frac{1}{n-1}\sum_{i=1}^{n}(x_{ij} - \overline{x}_j)^2}$ 为第 j 个指标的样本标准差，x_{ij}^* 为无量纲化后的标准值，x_{ij} 为第 i 个样本的第 j 个指标值。

两次 PCA 分析都采用 SPSS16.0 工具进行主成分分析，首先计算各成分与人员受伤指标的相关度，计算结果显示，9 个初选指标都与人员受伤数量高度相关，说明这 9 个初选指标都具有代表性；其次，计算各成分的贡献率和累计贡献率，并选取特征值大于 1 的且累计贡献率大于 87%的作为主成分因子，用这些因子作为震伤人员评估的筛选指标(表3-1、表3-2)；最后对筛选指标进行逻辑分析，确定最终的评估指标体系。

表 3-1　以专家评分为依据的累计贡献率

成分	指标	特征值	成分贡献率/%	累计贡献率/%
1	建筑损毁程度	14.115	49.877	49.877
2	震时人员在室数	7.291	25.351	75.228
3	人员自救能力	3.776	12.047	87.275
4	应急救援水平	1.942	6.110	93.385
5	次生灾害发生概率	1.515	3.088	96.473
6	地震发生时间	1.012	2.312	98.785
7	灾区人口总数	0.825	1.215	100.000
8	震中烈度	0.000	0.000	100.000
9	震级	0.000	0.000	100.000

表 3-2　以文献[3]的数据为依据的累计贡献率

成分	指标	特征值	成分贡献率/%	累计贡献率/%
1	建筑损毁程度	15.219	50.334	50.334
2	震时人员在室数	6.882	23.118	73.452
3	应急救援水平	3.527	9.691	83.143
4	次生灾害发生概率	2.898	7.092	90.235
5	地震发生时间	1.529	5.316	95.551
6	震中烈度	1.217	2.803	98.354
7	人员自救能力	1.005	1.189	99.543
8	震级	0.110	0.057	100.00
9	灾区人口总数	0.000	0.000	100.00

由表 3-1 可知，前 6 个主成分特征值大于 1，累计贡献率为 98.785%，信息丢失仅为 1.215%，可以用这 6 个指标代表初选的 8 个指标，达到降维的目的，但这 6 个指标中，地震发生时间指标主要衡量地震发生时人员暴露的危险程度，一般用人员在室数指标描述，故删去重复描述的地震发生时间指标，剩下 5 个指标的累计贡献率为 96.473%，具有很强的信息解释能力。表 3-2 分析结果表明：前 7 个主成分特征值大于 1，且累计贡献率为 99.543%，信息丢失仅为 0.457%，故用这 7 个主成分因子代替最初的 8 个指标是可以的。两次 PCA 分析结果也表明，依据专家定性评分分析结果与定量数据分析结果基本一致，说明筛选后的指标具有较好的代表性和解释能力。进一步对表 3-2 中的 7 个主成分因子分析可知，表 3-2 中震中烈度并不是造成人员受伤的最直接原因，尽管震中烈度能增加或降低灾害形成的风险，但从两次 PCA 分析可知，建筑损毁程度是造成人员受伤的最直接原因之一，从这个意义上说，震中烈度与建筑损毁程度两个指标重复解释，本书删去震中烈度指标，保留人员自救能力指标。另外，地震发生时间指标与人员在室数指标重复解释，本书删去地震发生时间指标，保留的 5 个指标的累计贡献率为 91.424%，说明保留的 5 个指标具有很强的解释能力。综合两次 PCA 分析结果，本书将建筑损毁程度、震时人员在室数、应急救援水平、次生灾害发生概率和人员自救能力 5 个指标作为最终的震伤人员评估指标（表 3-3）。

表 3-3　震伤人员快速评估指标体系

目标层指标	维度指标	操作层指标	指标数据获取
震伤人员快速评估指标	减抗风险能力	人员自救能力	按等级赋值：强赋值 7、一般赋值 3、差赋值 1
		应急救援水平	按等级赋值：高赋值 7、一般赋值 3、低赋值 1
	暴露性	震时人员在室数	人员在室数=震时人员在室率×震时灾区总人口数，数据来源于当地上年统计年鉴，再以人员流动比率进行修正得到
	敏感性	次生灾害发生概率	分为 2 个等级：可能性大赋值 3、可能性小赋值 1
		建筑损毁程度	利用 RS、GIS 系统定位建筑损毁区域和损毁程度，进而估算出不同建筑物的损毁面积

表 3-3 中建筑损毁程度指标的计算方法可参考文献[2]提出的利用震前、震后遥感图像对比的方法，经坐标校对后得到震后建筑物的数字高程模型（digital elevation model，DEM），利用 DEM 模型得到不同建筑物的损毁系数，本书分为 5 个等级：倒塌赋值 0.9、严重损毁赋值 0.7、中度损毁赋值 0.5、轻微损毁赋值 0.3、基本完好赋值 0.1。然后，将灾区总建筑面积乘以损毁系数，得到总的损毁面积。人员在室率数据采用施伟华等的研究成果（表 3-4），原因在于我国西部地区为地震频发高风险区域，而且众多地震发生在山区农村，人们的生活习惯大体一致，采用施伟华等的研究成果代表性强。

表 3-4　不同时段人员在室率（%）

时段	20:00～00:59	9:00～19:59	6:00～8:59	1:00～5:59
人员在室率	70	10	50	100

3.2　RBF 神经网络

　　震伤人员评估数据具有多维性、不确定性和非线性特征，是一个复杂的非线性系统，用常规统计模型很难拟合出精度高的数学函数，必须采用一种既能够有效处理多维数据模糊性，又能处理数据非线性和随机性的建模方法。在这方面，人工神经网络具有明显的优势，人工神经网络具有泛化能力、容错能力和非线性映射能力强的特点，能够有效处理复杂非线性问题。目前，众多学者已将人工神经网络方法应用于社会经济管理决策实践中，并取得了大量成果。从已有文献来看，对神经网络中的 BP 网络运用十分广泛，但 BP 神经网络存在收敛速度较慢、网络隐含层极点数难确定和局部极小的局限[49]，产生这种局限的原因主要在于 BP 神经网络采用的隐含层激励函数为 Sigmoid 函数，这种函数容易导致激励函数的输入值在很大范围内相互重叠，训练时间过长，且容易进入局部最优，如果能够寻找一类激励函数来替换传统 BP 神经网络的 Sigmoid 函数，使 BP 神经网络可以以任意精度逼近任意非线性函数的话，则可以改变传统 BP 神经网络的局部最优的问题，目前，径向基函数（RBF）是一类弥补传统 BP 神经网络这一不足的函数。鉴于此，本书用 RBF 激励函数替换传统的 Sigmoid 函数，提出用于震伤快速评估的 RBF 神经网络模型。

　　RBF 函数是一种局部分布、中心径向对称的非负衰减的非线性函数，它的参数基中心、基宽度对输入产生显著影响起决定作用[50]，常用的 RBF 函数主要采用 Kriging 和 Hardy 的方法，即高斯分布函数、马尔可夫分布函数、Multi-Quadric 分布函数及逆 Multi-Quadric 分布函数，本书选取常用的高斯分布函数作为 RBF 函数，其函数表达式为

$$R_i(x) = \exp\left(\frac{-\|X - c_i\|^2}{2\delta_i^2}\right) \tag{3-2}$$

式中，$R_i(x)$ 为隐含层第 i 个节点的输出，c_i 是为与 X 同维数的向量，δ_i 为基函数的宽度。

　　RBF 神经网络模型由 Broomhead 等提出，该网络由三层节点组成：输入层、隐含层和输出层。其中，隐含层采用高斯分布函数作为 RBF 激励函数。在传统 BP 神经网络模型基础上，通过装载 RBF 的高斯分布函数，将每个神经元 j 的权值向量 w_i 与第 p 个输入向量 x_p 之间的向量距离与偏差 b_j 的乘积作为输入值，其表达式为

$$\text{dist} = x_p - w_j \tag{3-3}$$

$$z_j = b_j\sqrt{b_j \sum_{i=1}^{m}(w_{ij} - x_{pi}) \cdot \|\text{dist}\|} \quad (j = 1, 2, \cdots, R) \tag{3-4}$$

　　则隐含层 RBF 神经元的输入为

$$y_i = \mathrm{e}^{-z_j^2} = \mathrm{e}^{-(\|x_p - w_j\|b_j)^2} \quad (j = 1, 2, \cdots, R) \tag{3-5}$$

　　RBF 神经网络具有结构自适应特点，其结构的确定、训练结果的输出与初始权值无关。在训练过程中，在隐含层输入矢量很多时，RBF 神经网络在训练过程中将产生最大误差所对应的输入矢量作为权值向量，并产生一个新的隐含层神经元，然后检查新网络的误差，系统重复此过程直到达到误差要求为止，其学习过程如下[51]。

步骤 1：根据聚类算法得到初始权值。

步骤 2：根据网络学习得到 RBF 径向基函数中心 c_i。从隐含层节点中选取任意 m 个对象作为初始中心 $c_i(0)$，然后计算欧氏距离，并计算出最小距离的节点，比较剩余对象与聚类中心的距离，将剩余对象分配给各聚类中心代表的聚类 $d_i(t)=\|x(t)-c_i(t-1)\|$；调整重心 $c_i(t)=c_i(t-1)$，$1\leqslant i\leqslant h$；$c_r(t)=c_r(t-1)+\beta[x(t)-c_r(t-1)]$（$\beta$ 为调整系数）。如果新的聚类中心（c_r）变化很小或不发生变化，此时的 c_i 则为 RBF 的径向基函数中心。

步骤 3：根据网络学习得到宽度参数 δ_i。

步骤 4：根据训练数据训练网络的权值。其权值公式为：$w=\exp\left(\dfrac{h}{c_{\max}^2}\|x_p-c_i\|^2\right)$，$p=1,2,\cdots,p;i=1,2,\cdots,h$。训练从隐含层到输出层的权值。

3.3 模 型 应 用

3.3.1 样本数据及处理

本书研究所用数据来源于国家地震科学数据共享中心、国家行政区划图和各地统计年鉴，主要选取了 1966 年以来我国境内发生的 20 次强震记录。为提高评估结果的精确度，样本数据的选取尽可能考虑环境差异性较大的地区，具体数据如表 3-5 所示。为避免奇异样本数据对训练的干扰，数据训练前需按式(3-6)对样本数据进行归一化处理，输出的数据需做反归一化处理：

$$N_{ij}=\frac{X_{ij}-X_{\min}}{X_{\max}-X_{\min}}\alpha+\beta \qquad (i=1,2,\cdots,n;j=1,2,\cdots,m) \qquad (3\text{-}6)$$

式中，N_{ij} 为归一化值，$X_{\min}$ 和 $X_{\max}$ 为第 i 个指标的最小值和最大值，α、β 为调整系数，本书分别取 0.95 和 0.05。

表 3-5 震伤人员评估样本数据

编号	震时人员在室数/人	建筑损毁程度/m²	人员自救能力	应急救援水平	次生灾害发生概率	受伤人数/人	备注
1	10305	36500	1	3	1	359	
2	13031	7455	3	3	1	145	
3	12787	17500	3	7	1	208	
4	899	4300	3	7	1	19	训练样本
5	105600	845325	1	3	1	34583	
6	98650	1023489	1	3	1	26916	
7	112030	1198038	1	1	3	37208	
8	107839	1309982	1	1	1	33075	
9	73216	198372	1	3	1	15789	
10	198730	2684912	1	3	1	88623	

编号	震时人员 在室数/人	建筑损毁程度 /m²	人员自 救能力	应急救援水平	次生灾害 发生概率	受伤人数 /人	备注
11	78920	741230	1	3	1	10560	
12	93402	1120983	1	1	3	32191	训练样本
13	61270	1231230	7	3	1	5775	
14	87000	2130980	3	3	1	19278	
15	28930	321230	1	3	1	2489	
16	14309	1349010	7	3	1	482	
17	7892	389012	3	1	1	452	测试样本
18	78230	1790200	3	3	3	2038	
19	20300	245960	3	7	1	307	
20	6153	85170	7	3	1	15	

3.3.2　基于 RBF 神经网络的震伤评估模型建立

根据震伤人员评估指标确定 RBF 神经网络输入层 (I) 数目为 5，即震时人员在室数 (X_1)、建筑损毁程度 (X_2)、人员自救能力 (X_3)、应急救援水平 (X_4)、次生灾害发生概率 (X_4)；隐含层 (M) 神经元数目通过网络学习自动调整；输出层 (O) 神经元数目为 1，即震伤人员数 (Y)。在 MATLAB 工具箱中调用 newrb 函数，在训练过程中，隐含层数目通过每迭代一次就增加一个隐含层神经元数目的方式产生，RBF 神经网络训练的期望误差、最大神经元个数等参数设置如表 3-6 所示，根据参数设置，形成一个输入单元为 5、隐含层单元为 8、输出单元为 1 的三层 RBF 神经网络模型（图 3-1）。

表 3-6　RBF 神经网络参数设置

训练期望均方差	RBF 函数分布密度	神经元最大数目/个	两次显示之间所添加的神经元数目/个
10^{-7}	4.8	22	1

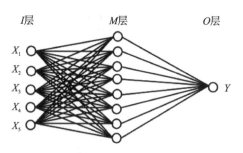

图 3-1　震伤评估 RBF 神经网络拓扑结构

3.3.3　模型训练与测试

将 1～15 组数据装入 RBF 神经网络模型进行训练，经系统反复训练，RBF 神经网络误差曲线逐渐趋于稳定(图 3-2)，为进一步验证模型的可靠性，将训练后的 RBF 神经网络模型用于第 16～20 组数据的测试，同时构建 BP 神经网络模型，将测试数据也用于 BP 神经网络测试，以比较 RBF 神经网络与 BP 神经网络的效果，其测试误差曲线和测试结果如表 3-7 所示。

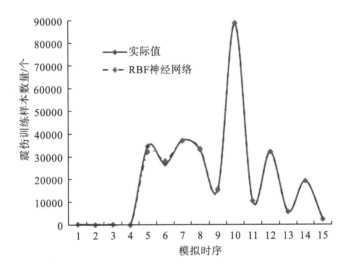

图 3-2　RBF 神经网络误差曲线

表 3-7　测试误差对比结果

测试样本	RBF 神经网络			BP 神经网络		
	实际值	评估值	绝对误差	实际值	评估值	绝对误差
16	482	471	11	482	513	31
17	452	438	14	452	385	67
18	2038	2239	201	2038	2522	484
19	307	273	34	307	343	36
20	15	8	7	15	26	11

　　由表 3-7 可知，RBF 神经网络的最大绝对误差为 201，最小误差为 7，BP 神经网络的最大绝对误差为 484，最小误差为 11。RBF 神经网络的误差率为 0.081，BP 神经网络的误差率为 0.191，BP 神经网络的误差是 RBF 神经网络误差的 2.358 倍，表明 RBF 神经网络有很好的评估精确度，可以用作震伤人员的快速评估。

3.4　结　　论

　　建立有效的震伤人员快速评估模型对统筹应急资源、有效分配应急物资和提高震灾救援效率具有重要作用，本书在构建有效的震伤影响指标基础上，提出基于 RBF 神经网的震伤人员快速评估模型。首先，依据灾害系统理论，从承灾体脆弱性角度，围绕灾害风险形成的三个维度，即减抗风险能力、暴露性和敏感性，提出具有一般性的震伤人员评估指标体系；其次，将能够有效处理数据的非线性、随机性特征的 BP 神经网络引入震伤人员评估中，并针对 BP 神经网络存在收敛速度较慢、网络隐含层极点数难确定和局部极小的局限，将 RBF 激励函数替换传统的 Sigmoid 函数，以弥补 BP 神经网络这一局限性，提出用于震伤快速评估的 RBF 神经网络模型。案例验证表明，相比 BP 神经网络，RBF 神经网络具有兼容效果好、评估准确度高和收敛速度快的特点，能够推广于震伤人员快速评估决策之中。

第二部分

不同阶段应急物资筹集决策

第4章　基于稳定性分析的应急物资储备策略研究

近几年来，我国各类突发自然灾害频繁发生，每一次巨灾发生不仅造成短时间内应急物资供求的异常波动，还多次出现因应急物资储备不足而严重影响紧急救援效率的情况。事实表明，如果平时国家应急物资储备不足或因储备方式不科学造成灾时急需物资短时间内无法及时获取，都会给灾区人民的生命和财产带来更大损失[52]。因此，要成功处置突发事件，首要是做好应急物资的储备和筹集工作。对此，目前仅靠政府各级物资仓库储备大量的应急物资不仅不可能，而且很不经济[53-56]，必须寻找其他既能储备充足应急物资，又能有效降低因政府直接储备产生巨大成本的新的储备形式，应急物资实物代储就是解决这一问题的新形式。

应急物资实物代储方式主要有政府直接储备、委托有库存能力的企事业单位储备和直接生产应急物资企业代储三种形式，前两种形式都需要政府出资预先采购所需物资，这样不仅对物资储备能力有很高的要求，更重要的是会产生巨大的资金占用和高额的储备管理费用，而且还可能因大量储备物资变质和性能退化造成严重的浪费。对第三种形式而言，政府可灵活运用公共政策，允许代储企业按代储应急物资价值等额获得银行贷款，激励企业延长代储时间和增加物资代储量，政府只需按既定预付金额补贴代储企业因贷款产生的利息和应急物资储备成本，这样就能很好地实现社会储备与专业储备的有机结合，改变应急物资筹集时间过长、成本过高的问题。目前，对应急物资储备方式的研究还处于探索阶段，有必要深化这方面的研究。本书即是在现有研究的基础上，针对直接生产应急物资企业的代储形式，以市场为主导原则，借助种群共生理论构建政府应急物资储备决策的数学模型[57-61]，通过求解平衡点和稳定性讨论解决政府在预付金额一定的情况下，怎样选择适宜的实物代储企业的问题。

4.1　稳定性分析

4.1.1　政府与代储企业的共生关系

合作前，政府和代储企业都可以独立存在。对政府来讲，可以自己储备各类应急物资或委托有仓储能力的企事业单位代为管理，政府只需根据协议支付仓储管理费用即可；对能生产代储物资的企业来讲，合作前只需根据市场需求储备一定的安全库存物资，并通过产品销售独立支付投资贷款利息、仓储费用和承担投资收益的风险。合作后，政府和企业达成紧密合作关系，在这种模式中，政府可以节省大量应急物资采购费用和管理费用，用较少预付资金支出就能最大限度储备所需的应急物资，实现社会福利最大化。同时还能有效解决应急物资筹集困难的问题和保证物资的及时更新；对代储企业来说，合作后能根据代储应急物资的市场价值等额获取银行贷款，扩大生产规模并获取投资收益，还可以要求政府承担贷款利息和应急物资储备成本，这种合作前彼此独立、合作后形成依托共生关系的模式无疑是共赢的合作方式。

4.1.2　问题描述

如果某企业被政府选为应急物资代储企业，该企业将会尽快调整成品库存并在原来安全库存的基础上，增加协议所规定数量的应急物资储备量，且保证任何时候不缺货。对企业来讲，希望通过政府获取与应急物资同等价值的贷款，扩大生产规模，获取最大限度的投资收益。此时，企业会产生应急物资库存管理费用和贷款利息等费用，只有政府承担这些费用的时候，企业才有合作的动机；对政府来讲，在确定代储企业和代储数量的时候，只能根据经费支付限额来确定代储数量、合作期限和利息等费用的支付比例，若企业要求的预付金额超出政府预期的预付金额，政府就会考虑选择其他代储企业或储备方式。因此，只有政府与企业双方都达到彼此均衡时才可能形成合作共生关系。

4.1.3　前提假设

(1) 假设代储企业完全根据市场需求按订单作业，合作前库存增长量为根据市场需求动态确定的安全库存量，合作后仍以市场为导向与政府形成互利合作关系，无政府行政干预存在。

(2) $y_1(t)$ 为协议代储企业在 t 时刻的库存增长量，$y_2(t)$ 为政府在 t 时刻的预付金额。

(3) 合作前，代储企业主要根据市场需求动态确定库存增长量，当市场需求增加时，代储企业销售量增加，若订货周期、生产周期和服务水平等条件保持相对不变，此时库存增加量与市场需求成比例，其比例系数 ρ_1 取决于代储企业日销售量和安全库存时间这两个指标的乘积与年度总销售预测的比值，假设 ρ_1 为常数且为代储企业固有库存增长率，库存增长量受市场需求增长空间的制约；政府预付金额随自储量增加而减少，其减少比例为常数 ρ_2，合作后随代储企业库存应急物资量的增加，其补贴也按一定系数增加，且受到区域预付总金额的限制。

(4) G_1 为代储企业最大库存增长量，G_2 为政府在一定区域内的预算总金额，当与政府合作后，因为 $y_2(t)$ 的存在会加大代储企业的库存增长量，这个增长量是由政府的预付金额决定的，预付金额越大，代储应急物资储备量也越大，相应地提高了代储企业库存增长量，这个增加值为 $\partial_1 y_2 / G_2$，其中 $\partial_1 > 0$ 为常数，表示政府预付对代储企业库存增长量的促进作用，当代储企业的库存增长量越接近 G_1，贷款越多、利息越高，库存管理费用、资金占用费等将大幅度增加，就要求政府提供更高的预付金额，以弥补增加的各项费用和贷款利息，其要求增加的预付金额为 $\partial_2 y_1 / G_1$，其中，∂_2 为代储企业库存的增长对政府预付金额的影响水平。

4.1.4 模型建立和平衡点求解

根据前提假设，合作前代储企业随市场需求增加 t 时刻库存增长量为 $y_1(t)\rho_1$，从 t 到 $t + \Delta t$ 的库存增量为 $y_1(t + \Delta t) - y_1(t) = \rho_1 y_1(t)\Delta t$，令 $\Delta t \to 0$，便得到 $y_1(t)$ 满足微分方程 $\mathrm{d}y_1 / \mathrm{d}t = \rho_1 y_1$，表示 t 时刻代储企业库存量自身增长趋势，但随着市场需求的增加，代储企业库存增长将受到 G_1 的限制，其增长趋势将受到阻滞作用，其作用因子为 $(1 - y_1 / G_1)$；显然，y_1 越大，$\rho_1 y_1$ 越大，$(1 - y_1 / G_1)$ 越小，说明代储企业库存增长量是两个因子共同作用的结果，则有代储企业的库存增长量表达式：

$$\mathrm{d}y_1(t) / \mathrm{d}t = y_1 \rho_1 (1 - y_1 / G_1) \tag{4-1}$$

合作后，政府的预付金额促使代储企业库存量增加，式(4-1)应加上促进因子 $\partial_1 y_2 / G_2$，其表达式为

$$\mathrm{d}y_1(t) / \mathrm{d}t = y_1 \rho_1 (1 - y_1 / G_1 + \partial_1 y_2 / G_2) \tag{4-2}$$

同样，政府在合作前，若减少代储企业的应急物资储备量，政府就必须增加应急物资自储量，那么用来支付代储企业的预付金额就会因自储量的增加而减少并趋向于零，随着自储量的增加，t 时刻减少的预付金额为 $-y_2(t)\rho_2$，则从 t 到 $t + \Delta t$ 政府减少的预付金额应为 $y_2(t + \Delta t) - y_2(t) = \rho_2 y_2(t)\Delta t$，令 $\Delta t \to 0$，便得到 $y_2(t)$ 满足的微分方程表达式：

$$\mathrm{d}y_2(t) / \mathrm{d}t = -y_2 \rho_2 \tag{4-3}$$

合作后，政府将应急物资委托代储企业储备，随着代储企业应急物资储备量的增加，代储企业将要求政府增加预付金额，这对政府增加预付金额有促进作用；当然，政府预付金额的增加受到区域总金额的阻滞作用，于是式(4-3)右端应加上代储企业因应急物资库存增加促进政府预付金额的增加的促进因子 $\partial_2 y_1 / G_1$，其表达式应为

$$\mathrm{d}y_2(t) / \mathrm{d}t = y_2 \rho_2 (-1 + \partial_2 y_1 / G_1) \tag{4-4}$$

与此同时，政府预付金额的增加受到区域预付总金额的限制，故需在式(4-4)右端添加阻滞因子，则方程变为

$$\mathrm{d}y_2(t) / \mathrm{d}t = y_2 \rho_2 (-1 - y_2 / G_2 + \partial_2 y_1 / G_1) \tag{4-5}$$

式(4-2)、式(4-5)为协议代储企业的库存增长量与政府预付金额之间的数学关系，为求解式(4-2)、式(4-4)的平衡点，设代储企业和政府依托共生的自治微分方程为

$$\begin{cases} g(y_1, y_2) = y_1 \rho_1 (1 - y_1 / G_1 + \partial_1 y_2 / G_2) \\ h(y_1, y_2) = y_2 \rho_2 (-1 - y_2 / G_2 + \partial_2 y_1 / G_1) \end{cases} \tag{4-6}$$

式(4-6)的解就是式(4-2)、(4-5)的平衡点，令 $g(y_1, y_2) = 0$，$h(y_1, y_2) = 0$，得到 3 个平衡点：$P_1(0,0)$、$P_2(G_1(1-\partial_1) / (1-\partial_1\partial_2)$，$G_2(-1+\partial_2) / (1-\partial_1\partial_2))$、$P_3(G_1, 0)$，$P_1$ 在本书研究中没有实际意义，不予考虑；P_2 表示协议企业在政府预付金额的促进下保持一定量的库存物资增长，是本书研究的重点；P_3 表明在协议期内，代储企业不需要政府补贴也能随时达到最大库存增长量，但由于企业的市场需求能力并不要求企业达到最大库存增长极限，

只需要保持安全库存就可以，随着库存量的增长，单位库存成本将大幅度上升，而且在灾害发生后，政府会对应急物资采取限价策略[62,63]，企业储备大量的物资是不经济的。

4.1.5 稳定性分析

现着重对 P_2 平衡点进行讨论，如果 $P_0(y_1^0, y_2^0)$ 是式(4-2)、式(4-5)的平衡点，则平衡点的稳定条件是：如果存在某个临域，使 $y_1(t)$，$y_2(t)$ 从这个临域或者任何可能的初始条件出发，满足：

$$\lim_{t\to\infty} y_1(t) = y_1^0, \quad \lim_{t\to\infty} y_2(t) = y_2^0 \tag{4-7}$$

则称平衡点 $P_0(y_1^0, y_2^0)$ 是全局稳定的，否则称 $P_0(y_1^0, y_2^0)$ 是不稳定的，P_2 点中 $G_1(1-\partial_1)/(1-\partial_1\partial_2)$ 为代储协议企业的库存增长量，$G_2(-1+\partial_2)/(1-\partial_1\partial_2)$ 为政府的预付金额，两者为正且不为零时，P_2 在相平面第一象限内才有意义，由 $y_1>0$，$y_2>0$ 可知：

$$\begin{cases} G_1(1-\partial_1)/(1-\partial_1\partial_2) > 0 \\ G_2(-1+\partial_2)/(1-\partial_1\partial_2) > 0 \end{cases} \tag{4-8}$$

解式(4-8)得到 P_2 有意义时的条件为

$$B_1: \quad \partial_1\partial_2 < 1, \quad \partial_1 < 1, \quad \partial_2 > 1 \tag{4-9}$$

$$B_2: \quad \partial_1\partial_2 < 1, \quad \partial_1 > 1, \quad \partial_2 < 1 \tag{4-10}$$

对于非线性方程式(4-2)和式(4-5)，可以用近似线性方法判断其平衡点 $P_0(y_1^0, y_2^0)$ 的稳定性，在 $P_0(y_1^0, y_2^0)$ 点将 $g(y_1, y_2)$ 和 $h(y_1, y_2)$ 作 Taylor 级数展开，取级数一次项得式(4-2)和式(4-5)的近似方程组：

$$\begin{cases} dy_1(t)/dt = g'_{y1}(y_1^0, y_2^0)(y_1 - y_1^0) + g'_{y2}(y_1^0, y_2^0)(y_2 - y_2^0) \\ dy_2(t)/dt = h'_{y1}(y_1^0, y_2^0)(y_1 - y_1^0) + h'_{y2}(y_1^0, y_2^0)(y_2 - y_2^0) \end{cases} \tag{4-11}$$

则有

$$\begin{cases} dy_1(t)/dt = \rho_1(1 - 2y_1/G_1 + \partial_1 y_2/G_2)(y_1 - y_1^0) + \rho_1 y_1 \partial_1/G_2(y_2 - y_2^0) \\ dy_2(t)/dt = \rho_2(-1 - 2y_2/G_2 + \partial_2 y_1/G_1)(y_2 - y_2^0) + \rho_2 y_2 \partial_2/G_1(y_1 - y_1^0) \end{cases} \tag{4-12}$$

系数矩阵记作：

$$A = \begin{bmatrix} g'_{y1} & g'_{y2} \\ h'_{y1} & h'_{y2} \end{bmatrix} = \begin{bmatrix} \rho_1(1 - 2y_1/G_1 + \partial_1 y_2/G_2) & \rho_1 y_1 \partial_1/G_2 \\ \rho_2(-1 - 2y_2/G_2 + \partial_2 y_1/G_1) & \rho_2 y_2 \partial_2/G_1 \end{bmatrix} \tag{4-13}$$

式(4-13)特征方程为

$$\det(\lambda I - A) = 0 \tag{4-14}$$

特征方程的特征系数

$$p = -(g'_{y1} + h'_{y2})\big|_{P_2(y_1, y_2)} \qquad (q = \det A \neq 0) \tag{4-15}$$

进一步得

$$p = \left[\rho_1(1-\partial_1) + \rho_2(\partial_2 - 1)\right]/(1-\partial_1\partial_2) \tag{4-16}$$

$$q = \rho_1\rho_2(1-\partial_1)(-1+\partial_2)/(1-\partial_1\partial_2) \tag{4-17}$$

根据平衡点稳定性判定条件，当 $p>0$、$q>0$ 时，平衡点稳定，则 P_2 的局部稳定性条件是：$\partial_1\partial_2<1$，$\partial_1<1$，$\partial_2>1$，也就是式(4-9)的条件，而式(4-10)是鞍点，不稳定；为了讨论平衡点P_2随时间延长的全局稳定性，需要在上面局部稳定性分析的基础上辅之以相轨线分析[64]，在式(4-6)中记：

$$\phi(y_1,y_2)=1-y_1/G_1+\partial_1y_2/G_2 \tag{4-18}$$

$$\varphi(y_1,y_2)=-1-y_2/G_2+\partial_2y_1/G_1 \tag{4-19}$$

直线$\phi=0$，$\varphi=0$将相平面分为 4 个区域$(y_1,y_2\geqslant0)$：

$$S_1:\dot{y}_1>0,\dot{y}_2<0\;;\quad S_2:\dot{y}_1>0,\dot{y}_2>0$$
$$S_3:\dot{y}_1<0,\dot{y}_2>0\;;\quad S_4:\dot{y}_1<0,\dot{y}_2<0 \tag{4-20}$$

从 4 个区域中的 $\dot{y}_1$、$\dot{y}_2$ 的正负可以看出相轨线趋向如图 4-1 所示。

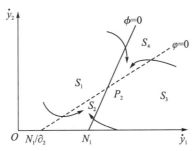

图 4-1　P_2 平衡点稳定的相轨线图

从P_2的稳定性条件可知，$\partial_1<1$表示政府预付金额对代储企业库存增长量的促进作用不大，当应急物资库存达到一定量以后，代储企业因贷款金额增加，风险加大，单位物资成本也不断增加，政府的预付金额只能弥补一部分成本，企业需承担的风险逐渐加大，这时即便政府预付金额增加，代储企业也不愿意相应增加应急物资库存量，$\partial_2>1$表示代储企业应急物资库存增长对政府的预付金额影响很大，随着代储企业库存不断增长，各项成本和风险随之上升，企业要求政府提高预付金额的支付，$\partial_1\partial_2<1$则是在$\partial_2>1$条件下使P_2位于相平面第一象限所必须的条件，在相平面S_1区域，随着代储企业应急物资库存量的增长，政府预付金额相应减少，这是政府希望的结果，但企业更希望在应急物资库存量增长的同时，政府也提高预付金额，即S_2区域；总之，不论代储企业与政府位于哪个区域，随着时间的延长，最终接近于P_2点，并达到全局稳定，此时，政府不应再对代储企业支付，如果代储应急物资仍然不足，政府必须考虑其他有代储能力的企业，如果继续向该企业增加预付将会增加企业的市场风险和单位储备成本等，同时也不利于政府资金的高效运作。

4.1.6　实物代储决策

根据稳定平衡点

$$P_2\left(G_1(1-\partial_1)/(1-\partial_1\partial_2)\,,\,G_2(-1+\partial_2)/(1-\partial_1\partial_2)\,\right) \tag{4-21}$$

设

$$\alpha=(1-\partial_1)/(1-\partial_1\partial_2)\,,\quad \beta=(\partial_1-1)/(1-\partial_1\partial_2) \tag{4-22}$$

式中，α 为代储企业库存增长量占最大库存量的比例，β 为政府预付金额占区域总预付金额的比例，∂_2 为代储企业库存的增长对政府预付金额的影响水平(用代储企业要求政府支付的单位预付金额来计量)；$\partial_1 \partial_2$ 可看作单位库存增长量政府愿意预付的金额与代储协议企业要求支付的金额。已知政府预付比例 β 和表示政府预付对代储企业库存增长量的促进作用 ∂_1(用政府对代储企业单位库存增长量愿意支付的金额来计量)，求出 ∂_2 便可以判断政府在预付金额约束下愿意代储的应急物资数量。设应急物资代储量为 N，总价值为 V(按现价，不包括储备成本)，协议期贷款利率为 r，应急物资单价为 P_t，协议期利息为 I，单位应急物资储备成本为 C，假设在协议期内，政府愿意承担的预付金额主要由单位应急物资储备成本 C 和代储企业的利息两部分组成，则有：

$$G_2\beta = P_tNr + CN \tag{4-23}$$

其中

$$V = P_tN，\quad I = Vr，\quad \partial_1 = G_2\beta / N \tag{4-24}$$

则有

$$\partial_2^* = (P_tNr + CN + G_2) / \left[G_2\beta(P_tNr + CN) / N + G_2\right] \tag{4-25}$$

协议期内政府期望企业代储的应急物资数量为

$$N = (r\partial_2^*G_2\beta P_t + G_2\beta C\partial_2^* + \partial_2^* - G_2) / (rP_t + C) \tag{4-26}$$

当 $\partial_2 \leqslant \partial_2^*$，说明代储企业要求的单位应急物资预付金额未超出政府支付比例，政府接受并选择其作为应急物资代储实施企业，并确定最优应急物资量 N；若 $\partial_2 > \partial_2^*$，说明政府单位应急物资预付金额不能满足代储企业的要求，此时，政府应考虑其他代储企业或选择其他储备方式，通过以上计算，政府可以根据条件 $\partial_2 \leqslant \partial_2^*$ 的确定值选择适宜的实物代储实施企业。

4.2　结　束　语

本书以政府选择适宜的代储企业为目标，首先在分析政府与协议代储企业之间的依托共生关系基础上，建立了政府预付金额与代储企业应急物资库存增长量之间的数学模型，并通过求解平衡点得到代储企业库存增长量与政府预付金额的计量算子；其次，借助近似线性方法对 P_2 进行局部稳定性分析，并得到 P_2 的稳定性条件。然后，本章在局部稳定性分析基础上辅以相轨线分析，发现随时间延长，企业应急物资增长量与政府预付金额收敛于 P_2 点，这时政府与代储企业达到全局稳定平衡。最后，考虑政府用预付金额支付代储企业利息 I 与应急物资储备成本 CN 的意愿，得到政府在支付约束下愿意支付的单位应急物资预付金额 ∂_2^*，进而得出政府最优应急物资代储量 N 和选择代储企业的判定标准 $\partial_2 \leqslant \partial_2^*$。政府在选择实物代储企业时的政策很多，包括部分利息补贴、全额利息支付、政府预付货款、信用担保和物资储备成本支付等一种或多种组合，本书只考虑了政府在预付金额已定的情况下组合运用全额利息支付和物资储备成本支付政策，往后需进一步研究一种或多种政策组合对其他物资储备方式或能力储备的影响问题。

第5章 基于数量和成本优化的赈灾 物资市场筹集模型

赈灾物资市场筹集是应急物资管理的重要内容,灾害发生后,应急救援的首要任务就是筹集到大量赈灾所需物资,以保证突发事件应急物流目标的实现。然而,在灾害救援实践中,仅靠国家各级应急物资储备库和社会捐赠,不仅不能保障应急救援所需物资,而且还可能因物资数量、品种的缺乏给救灾带来严重阻碍。因此,必须依靠多种筹集渠道满足赈灾物资的需求;其中,应急物资市场筹集是其主要渠道之一,但目前对其研究还处于起步阶段。

在应急物资市场筹集过程中,如何在需求时间约束下,实现筹集数量最优和筹集成本最低的目标,是目前应急物流研究中亟待解决的问题。在应急物资筹集研究中,Trevor等[65]主要研究了应急物流供应节点的选择,特别是针对节点赈灾物资的存储量,建立了定量模型;戴更新等[66]针对多资源应急多出救点问题的特点,给出了多资源应急问题的数学模型,通过引入连续可行方案的概念,并利用单资源问题的现有成果,实现该问题的求解。刘春林等[67]在研究应急管理系统中,探讨了一次性和连续消耗系统的物资需求,建立了以"应急开始时间最早"为目标的多出救点选择模型。目前,众多研究成果主要集中于紧急状态下赈灾物资筹集在时间优先、成本最优等约束条件下的出救点组合选优问题,而且也主要假设赈灾物资供应是充足的。然而,在实际救援中,更多的是会发生赈灾物资的短缺现象,需通过政府紧急采购或动用能力储备等方式来满足赈灾物资的需求。在这种筹集方式中,在时间限制下怎样实现赈灾物资市场筹集量和筹集成本最优的问题,是紧急救援决策中经常面临的重要问题。针对以上问题,本书从赈灾物资市场筹集的角度,在分析赈灾物资市场筹集费用与筹集量、筹集率、筹集时间之间关系的基础上,建立并求解赈灾物资市场筹集的动态优化模型,实例应用表明该模型可行、有效。

5.1 赈灾物资市场筹集量

赈灾物资筹集是政府在紧急救援特定时间内,依法通过有效的筹集方式和手段,在满足时间优先、筹集成本最低的前提下,快速筹集所需种类、数量和质量物资的应急物流管理活动。赈灾物资筹集方式主要有动用政府各级储备、政府采购、政府强制征用、能力储备和社会捐赠及国际援助等几种[68-73]。从赈灾物资筹集方式中可知,当灾害发生后,动用政府各级储备、政府强制征用、社会捐赠及国际援助这三种方式所筹集的赈灾物资主要不是通过市场手段所获取，本书称为可直接调用物资，暂不列入本书研究范围。本书所提出的赈灾物资市场筹集是指政府不能直接调用，而必须借助市场手段，从市场采购或动用生产能力储备获取整个紧急救援过程中所需的紧缺物资，其获取方式主要包括政府紧急采购和动用生产能力储备(企业紧急生产)等两种。根据以上分析，有如下计算公式成立：

$$\sum S_i = \left[\sum G_i - \left(\sum C_i + \sum B_i + \sum J_i + \sum H_i + \sum E_i\right)\right] \times (1 + r_i)$$
$$= \left(\sum K_i + \sum M_i + \sum P_i\right) \times (1 + r_i) \tag{5-1}$$

式中，S_i 为赈灾物资市场筹集量；G_i 为各受灾点各类赈灾物资需求量；C_i 为政府各级储备库现有所需赈灾物资数量；B_i 为强制征用量；J_i 为现有捐赠量；H_i 为国际援助；E_i 为受灾点现有可利用量；r_i 为综合损耗率，理论上是依据各类赈灾物资到达灾民手中时的损失量占各类赈灾物资量的比例算出的，一般是根据以往统计数据或者经验估计给出；K_i 为政府采购量；M_i 为企业生产能力储备及生产量；P_i 为其他市场获取量。

其中，G_i 的确定主要受到受灾地区突发事件的大小、烈度、影响面积、人口数量等因素的影响，一般情况下，突发事件级别越高、影响范围越大、事发周围人口密度越大，造成的人员伤亡和经济损失相对越大，其赈灾物资需求数量越大，在确定灾害等级和划分好救援区域后，可按如下模型对赈灾物资需求进行预测：

$$\sum G_i = \sum \left[T_m D_m A_i N (L N_i + N_w + k N_y) - E_i\right] \tag{5-2}$$

式中，T_m 为基于时间序列的赈灾物资重要程度系数；D_m 为在灾害强度为 λ 情况下受灾点所划分区域的破坏程度；A_i 为受灾点所处的救援区域等级系数；N 为受灾点人口数量；N_i 为单位人数所需要医药类物资数量；N_w 为单位人数所需生活类赈灾物资量；N_y 为单位伤员所需医药类物资量；L 为受灾点需援助的人口比例；k 为受灾点需救援伤员所占区域人口比例。

5.2 模型建立及求解

5.2.1 问题描述及假设

灾害发生后，政府需在规定时间内采购或动用生产能力储备满足一定数量的紧缺赈灾物资，在进行赈灾物资市场筹集时要考虑赈灾物资市场筹集成本(包括购置成本、运输成本、损耗成本等)和市场筹集物资的仓储费用(管理费、搬运费、装卸费等)。而市场筹集成本取决于赈灾物资市场筹集率(单位时间的市场筹集量)，市场筹集率越高，市场筹集成本越大；仓储费用由单位时间在库赈灾物资数量决定，数量越多，费用越大。现需对赈灾物资市场筹集做出决策，在规定需求时间内，使市场筹集量在筹集期内到每一单位时刻为止的累计筹集量达到最优时总成本最小(筹集成本与仓储费用之和)或者总成本最小时的市场筹集量最优。

设筹集开始时间 $t = t_0$，赈灾物资市场筹集总时间为 T，根据需求时间，要求在 $t = T$ 时需要筹集到数量为 Q 的赈灾物资，到时刻 t 的筹集量记作 $y(t)$，$y(t)$ 即为 t 时刻累计最优筹集量，记 t 时刻的市场筹集率为 $\dot{y}(t)$，故单位时间的市场筹集成本可以记为 $f(\dot{y}(t))$，而单位时间的仓储费用则记为 $g(y(t))$。在规定时间内，根据市场筹集强度可将市场筹集的开始时间分为两种情况：$t_0 = 0$ 和 $t_0 \neq 0$。于是从 $t=t_0$ 到 $t=T$ 的总费用 $C(y(t))$ 为

$$C(y(t)) = \int_{t_0}^{T} \left[f(\dot{y}(t)) + g(y(t)) \right] \mathrm{d}t \tag{5-3}$$

式中，$T \leqslant$ 赈灾物资需求时间，f 在 $t \in [t_0, T]$ 上连续可微，如果把 $t \in [t_0, T]$ 分割为若干等距离时间序列 $\{t_0, t_0 + d, t_0 + 2d, \cdots, t_0 + nd\}$，$t_0 + nd \leqslant T$，$d$ 为单位时间数，则式(5-3)也可表示为连续区间 $[t_0, t_0 + d), [t_0 + d, t_0 + 2d), \cdots, (t_0 + nd, T]$ 上的积分和。则有

$$C(y(t)) = \int_{t_0}^{t_0+d} \left[f(\dot{y}(t)) + g(y(t)) \right] \mathrm{d}t + \cdots + \int_{t_0+nd}^{T} \left[f(\dot{y}(t)) + g(y(t)) \right] \mathrm{d}t$$

成立，为确定 f 和 g 的具体形式，现提出如下假设。

假设 1：各类赈灾物资市场筹集重要性相同，不存在优先筹集要求，筹集资金充足，在规定的时间内能筹集到所需赈灾物资，筹集完成后统一配送到灾区。

假设 2：单位时间内市场筹集率提高一个单位所需市场筹集费用与此时的市场筹集率成正比。

假设 3：赈灾物资仓储费用与仓储累计量成正比[74]。

5.2.2　模型建立

假设 2 表明，单位时间市场筹集费 f 对市场筹集率 $\dot{y}$ 的变化率与 $\dot{y}$ 成正比，则有：$\dfrac{\mathrm{d}f}{\mathrm{d}\dot{y}} \propto \dot{y}$，于是有

$$f(\dot{y}(t)) = \lambda_1 \dot{y}^2(t) \tag{5-4}$$

式中，λ_1 是比例系数，其确定方法是：首先判断市场筹集的强度和难度（强度指在规定时间内筹集的数量，难度指在需求时间内，能够全部筹集所需赈灾物资的可能性或比例）；然后对市场筹集强度和难度进行组合，提出可行的 λ_1 备选方案。由假设 3 可以得到

$$g(y(t)) = \lambda_2 y(t) \tag{5-5}$$

式中，λ_2 是单位数量赈灾物资在单位时间的仓储费。将式(5-4)、式(5-5)代入式(5-3)有

$$C(y(t)) = \int_{t_0}^{T} \left[\lambda_1 \dot{y}^2(t) + \lambda_2 y(t) \right] \mathrm{d}t \tag{5-6}$$

当市场筹集开始时间为 $t_0 = 0$ 或 $t_0 \neq 0$ 时，市场初始筹集量为 0，故当 $t=t_0$ 和 $t=T$ 时的市场累计筹集量满足以下条件

$$y(t_0) = 0, \quad y(T) = Q \tag{5-7}$$

赈灾物资市场筹集的优化决策目标就是在式(5-7)下，求 $y(t)$ 使式(5-6)定义的泛函 $C(y(t))$ 取得最小极值。

5.2.3　模型求解

记 $G(t, y(t), \dot{y}(t)) = \lambda_1 \dot{y}^2 + \lambda_2 y$，用古典变分法求解[75-79]，则式(5-6)变为

$$C(y(t)) = \int_{t_0}^{T} G(t, y(t), \dot{y}(t)) \mathrm{d}t \tag{5-8}$$

式中，G 具有二阶连续偏导数，$y(t)$ 为二阶可微函数，且满足条件式(5-7)，这时式(5-7)和式(5-8)为固定端点条件下的泛函，式(5-8)达到极值的必要条件为

$$G_y(t, y(t), \dot{y}(t)) - \frac{\mathrm{d}}{\mathrm{d}t} G_{\dot{y}}(t, y(t), \dot{y}(t)) = 0 \tag{5-9}$$

式(5-9)也称为欧拉方程，进一步得 $y(t)$ 的二阶微分方程

$$\lambda_2 - 2\lambda_1 \ddot{y}(t) = 0 \tag{5-10}$$

为求解方程式(5-10)，需将式(5-7)分以下两种情况进行讨论。

(1)当赈灾物资市场筹集开始时间为 $t = t_0 = 0$，$t = T$ 时，式(5-7)的端点为

$$y(0) = 0, \quad y(T) = Q \tag{5-11}$$

此时，式(5-10)的特征解为

$$y(t) = \frac{4\lambda_1 Q - \lambda_2 T^2}{4\lambda_1 T} t + \frac{\lambda_2}{4\lambda_1} t^2 \tag{5-12}$$

式(5-12)的 $y(t)$ 就是使赈灾物资市场筹集总费用 $C(y(t))$ 在 t 时刻达到最小值时的解。此时，在 t 时刻赈灾物资市场筹集累计量 $y(t)$ 为最优，由式(5-12)不难画出 $y(t)$ 的示意图(图5-1)。由于 $\ddot{y}(t) > 0$，故 $y(t)$ 曲线呈上凹状，随着参数 λ_1、λ_2、T、Q 的不同，曲线 $y(t)$ 有两种形状 N_1 和 N_2，由于在 t 时刻赈灾物资市场筹集量和筹集时间必须满足以下条件才有意义：

$$y(t) \geqslant 0, \quad 0 \leqslant t \leqslant T \tag{5-13}$$

此时曲线 $y(t)$ 为图5-1中的抛物线 N_1，则有

$$\dot{y}(0) \geqslant 0 \tag{5-14}$$

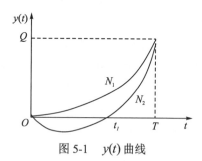

图5-1　$y(t)$ 曲线

由式(5-12)，可算出式 $\dot{y}(0)$，可知式(5-14)又可表示为

$$Q \geqslant \frac{\lambda_2 T^2}{4\lambda_1} \tag{5-15}$$

于是仅当式(5-15)成立时，式(5-12)在 t 时刻的赈灾物资市场筹集累计量 $y(t)$ 才是最优的。当 λ_1、λ_2 固定时，式(5-15)可以认为在一定需求时间 T 内要完成的赈灾物资市场筹集量 Q 相当大，需要从 $t = 0$ 时开始筹集，才有可能完成筹集任务和实现决策的优化。从图5-1可以看出，抛物线 N_1 才是 $y(t)$ 过点 $y(0) = 0$、$y(T) = Q$ 两点的曲线，而抛物线 N_2 在

式(5-11)下没有意义，需另行研究。

(2)当赈灾物资市场筹集开始时间为 $t = t_1 \neq 0$、$t = T$，且满足 $0 < t_1 \leqslant T$ 时，式(5-7)的端点为

$$y(t_1) = 0 , \quad y(T) = Q \tag{5-16}$$

由于在需求时间内，赈灾物资市场筹集强度不大，需求时间比较充足，为了节约赈灾物资仓储费用，不选择一开始就筹集，而是选择一个时间 t_1 （$0 < t_1 \leqslant T$），直到 $t = t_1$ 时才开始筹集，使赈灾物资市场筹集量 $y(t)$ 最优，总成本 $C(y(t))$ 最小(图 5-2)。此时，式(5-10)的特征解为

$$y(t) = \frac{\lambda_2}{4\lambda_1} t^2 + \left[\frac{Q}{T - t_1} - \lambda_2 (T + t_1) \right] t + \left(\frac{\lambda_2 T t_1}{4\lambda_1} - \frac{Q t_1}{T - t_1} \right) \tag{5-17}$$

此时，式(5-17)的 $y(t)$ 就是使赈灾物资市场筹集总费用 $C(y(t))$ 在 t 时刻达到最小值时的解；同时，在 t 时刻赈灾物资市场筹集累计量 $y(t)$ 也为最优，$t_1 > 0$ 是赈灾物资市场筹集开始时间，且 $t_1 \leqslant t \leqslant T$。现重点求解市场筹集开始时间 t_1（$t_1 > 0$）。

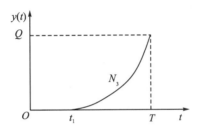

图 5-2　式(5-17)中的 $y(t)$ 曲线

式(5-17)同样有明显的限制条件:

$$y(t_1) = 0 , \quad y(t) > 0 \qquad (0 < t \neq t_1 ; t_1 \leqslant t \leqslant T) \tag{5-18}$$

故式(5-18)等价于

$$\dot{y}(t) \geqslant 0 \tag{5-19}$$

由式(5-17)求极值

$$\dot{y}(t) = \frac{\lambda_2}{2\lambda_1} t + \left[\frac{Q}{T - t_1} - \lambda_2 (T + t_1) \right] \tag{5-20}$$

令式(5-20)等于 0，则有

$$\frac{\lambda_2}{2\lambda_1} t + \left[\frac{Q}{T - t_1} - \lambda_2 (T + t_1) \right] = 0$$

$$t = 2\lambda_1 (T + t_1) - \frac{2\lambda_1 Q}{(T - t_1)\lambda_2} \tag{5-21}$$

式(5-21)是式(5-17)取得极致的必要条件，将式(5-21)代入式(5-17)中得到 $y(t)$ 的极小值，根据式(5-16)，当 $t = t_1$ 时，$y(t_1) = 0$，表示 t_1 开始时刻赈灾物资市场筹集量最小且为 0，则由式(5-17)可得

$$y(t_1) = \frac{\lambda_2}{4\lambda_1}\left[2\lambda_1(T+t) - \frac{2\lambda_1 Q}{(T-t_1)\lambda_2}\right]^2 + \left[\frac{Q}{T-t_1} - \lambda_2(T+t_1)\right]$$

$$\times \left[2\lambda_1(T+t) - \frac{2\lambda_1 Q}{(T-t_1)\lambda_2}\right] + \left(\frac{\lambda_2 Tt_1}{4\lambda_1} - \frac{Qt_1}{T-t_1}\right) = 0 \tag{5-22}$$

则赈灾物资市场筹集开始时间 t_1 可表示为

$$t_1 = \left|\frac{\lambda_2 T^2 - 4\lambda_1 Q}{\lambda_1 T}\right| \tag{5-23}$$

式中，因 $t_1 > 0$，故 $Q < \frac{\lambda_2 T^2}{4\lambda_1}$，将式(5-23)代入式(5-17)中可得到使总费用 $C(y(t))$ 达到最

小时间的最优赈灾物资市场筹集量：

$$\begin{cases} y(t) = \frac{\lambda_2}{4\lambda_1}t^2 + \frac{\lambda_2 T^2 - 8\lambda_1\lambda_2 T^2 - 16\lambda_1^2 Q}{4\lambda_1 T}t & (t_1 < t \leqslant T) \\ y(t) = 0 & (t = t_1) \end{cases} \tag{5-24}$$

通过以上模型构建与求解，能够寻找到在不同单位时间 t 时赈灾物资市场筹集的最优量 $y(t)$，而且能保证在时间约束下成本费用 $C(y(t))$ 最小。现可按如下步骤对赈灾物资市场筹集进行决策。

步骤 1：确定赈灾物资需求量和需求时间，根据赈灾物资筹集的不同方式，确定可直接调用物资和不可直接调用物资，并在确定综合损耗率的基础上，确定赈灾物资市场筹集量。

步骤 2：确定 λ_1、λ_2 的值。λ_1 系数的确定取决于单位时间筹集费用和单位时间筹集率的变化；λ_2 取决于 t 时刻拟存放仓库市场筹集物资累计量和单位赈灾物资仓库费用，可参考历史统计数据预先给出，一般较为固定。

步骤 3：计算 $Q = \frac{\lambda_2 T^2}{4\lambda_1}$ 的值，若 $Q \geqslant \frac{\lambda_2 T^2}{4\lambda_1}$ 时，赈灾物资市场筹集开始时间为 $t = 0$，借助式(5-12)所确定优化模型，分别用不同 λ_1 的备选值计算每单位时刻 $t, t+1, \cdots, T$ 的 $y(t)$ 和 $C(y(t))$，并比较 $C(y(t))$，最小的 $C(y(t))$ 所对应的 $y(t)$ 为最优。

步骤 4：若 $Q < \frac{\lambda_2 T^2}{4\lambda_1}$ 时，赈灾物资市场筹集开始时间为 $t = t_1 > 0$，则用式(5-23)计算开始时间 t_1，用式(5-24)所确定的模型，分别用不同 λ_1 的备选值计算每单位时刻 $t, t+1, \cdots, T$ 的 $y(t)$ 和 $C(y(t))$，并比较 $C(y(t))$ 的大小，最小的 $C(y(t))$ 所对应的 $y(t)$ 为最优。

5.3 模 型 应 用

2008 年 8 月 30 日，云南省元谋县姜驿乡因地震遭到严重破坏，姜驿乡是云南唯一位于金沙江北岸区域的重要乡镇，必须采用轮渡施救，一次轮渡需要耗时 7h。现急需在 30h 内筹集到两类紧缺物资，并全部运送到江边轮渡码头，统一配送救灾。因在规定时间内很难通过采购筹集到所需赈灾物资，救灾指挥中心经研究决定动用生产能力储备，要求距离江边码头不远的大型生产企业紧急生产，在 30h 内满足需求（表 5-1）。现需对该次赈灾物

资市场筹集做出最优决策,使在需求时间内,筹集数量最优,总费用最小(市场筹集成本与物资仓储费用之和)。

表 5-1　市场筹集决策的相关参数

需求物资	数量(Q)	每小时筹集费/元	每小时筹集率	λ_1	λ_2
四人小船(A)	600 艘	60000	50 艘/h	24	50
		40000	35 艘/h	33	50
救生衣(B)	7000 件	48000	1500 件/h	0.021	20
		80000	1800 件/h	0.025	20

根据背景资料和表 5-1 数据,由判定条件 $Q=\dfrac{\lambda_2 T^2}{4\lambda_1}$,先计算四人小船赈灾物资的判定值,在筹集费、筹集率以及 λ_1、λ_2 给定情况下,计算结果 $\dfrac{\lambda_2 T^2}{4\lambda_1}$ 小于需求数量,故适宜用式(5-24)计算最优筹集量,表明筹集开始时间应为 $t_0 \neq 0$ 且 $T > t_0 > 0$;同理,救生衣赈灾物资判定值计算结果表明筹集开始时间应为 $t_0 = 0$,适宜用式(5-17)计算累计最优筹集量和最小成本值,其市场筹集最晚开始时间如表 5-2 计算结果。

表 5-2　筹集开始时间的确定

需求物资	数量(Q)	$\lambda_2 T^2 / 4\lambda_1$	适用模型	筹集初始时间(t)/h
四人小船(A)	600 艘	469	(24)	8.4
		341	(24)	22.8
救生衣(B)	7000 件	214286	(17)	0
		180000	(17)	0

在表 5-2 基础上,从不同筹集开始时间开始,计算得出每过 1 单位时刻(每小时)的最优市场筹集量和最小总成本(表 5-3)。

表 5-3　不同时刻不同 λ 下的最优筹集量和最小成本

赈灾物资	方案一			方案二		
	开始时刻(t)/h	Q	$C(y(t))$/元	开始时刻(t)/h	Q	$C(y(t))$/元
600 艘	9.4	50 艘	60000	23.8	35 艘	40000
	10.4	90 艘	97800	24.8	68 艘	77724
	…	…	…	…	…	…
	29.4	600 艘	613000	29.8	600 艘	605790
7000 件	1	1500 件	30000	1	1800 件	36000
	2	1530 件	30060	2	1816 件	36300
	…	…	…	…	…	…

30	7000 件	132000	30	7000 件	134000

从表 5-3 计算结果可知，A 物资从 t=23.8h 时刻为起点，每过 1 单位时刻其市场筹集量最优，所对应的总成本最小，B 物资选择 $f(\dot{y}(t))=48000$，$\dot{y}(t)=1500$ 时，每时刻市场筹集量最优，筹集总成本最小。则赈灾物资市场筹集的优化决策结果为：

①A 物资在 λ_1=33、λ_2=50 时，以 t=22.8h 为初始时刻时，每经过 1 单位时刻筹集量最优，在完成 7 个单位筹集时刻后，筹集量满足需求，此时最优总成本为 $C(y(t))$=605790 元；

②B 物资在 λ_1=0.021，λ_2=20 时，从 t=0h 时刻开始筹集时每时刻筹集量最优，其筹集完成后，总成本为 $C(y(t))$=134000 元。

5.4　结　　论

灾害发生后，通过市场筹集有效地获取紧缺赈灾物资，是提高紧急救援效率和有效降低应急物流成本的重要举措。本书首先在总结赈灾物资筹集方式基础上定义了赈灾物资市场筹集，并提出赈灾物资市场筹集量的组成；其次，通过动态优化模型的建立寻找到筹集成本、筹集时间、筹集效率、筹集量之间的函数关系，根据筹集强度的不同分 t_0=0 和 $t_0 \neq 0$ 两种筹集开始时间，进而讨论在需求时间限制下不同单位时刻市场筹集量和筹集费用的优化问题。结果表明，筹集开始时间不同，其 Q 与 $\dfrac{\lambda_2 T^2}{4\lambda_1}$ 的大小关系也不同，这为确定筹集开始时间提供了判断依据，案例分析进一步展示了该模型具有较好的理论与实践意义。

第6章 震后初期 Single-hub 应急物资筹集模型

近年来，频繁发生的地震灾害持续威胁着人们的生命和财产安全，震灾应急已经成为广大群众和各级应急机构必须面临的重大难题。尽管震灾的发生不可避免，但通过积极应对和科学决策是可以减轻或避免灾害损失的。资料显示，在重大自然灾害和人为灾害造成的损失中，因应急物资紧缺或提供不及时等原因造成的损失，约占灾害总损失的 15%～20%，如 SARS(severe acute respiratory syndrome，严重急性呼吸综合征)在我国造成 179 亿美元的经济损失，其中因应急物流不畅和应急物资供给不及时造成的损失就达 30 亿美元，地震灾害的损失往往更为严重。而造成应急物资供给不及时和筹集效率不高的重要原因是应急物资筹集网络结构不合理、网络优化水平低下。

为提高震灾应急物流管理水平，科学规划应急物资筹集网络，众多学者围绕应急物资筹集网络的构建及优化展开了较为深入的研究，其成果大多集中于直线结构和轴辐结构的应急物资筹集网络的构建与优化。一是研究应急物流网络中的网络流、路径选择、物流选址和物流配送等问题，如 Lee 等用大量算法研究了网络流的问题[80]；Tang 研究了物流设施的选址和物流网络结构设计中的集中与分散的优化决策问题[81]；Bertsmasd 和 Ben-Tal 等考虑产品消费、产品制造和物流运输等影响物流网络成本和网络运行的多种活动，构建了用于物流网络优化的多目标规划模型[82,83]；鞠颂东等研究了物流网络系统的组成内容，认为物流网络主要由物流信息网络、物流基础设施网络和物流组织网络等三个子网络组成[84]；潘坤友等遵循物流网络运行时间最短、网络覆盖范围最大和网络结构的多重枢纽分配等原则，构建了安徽沿江地区中心城镇的轴辐式物流网络结构[85]；张毅根据轴辐式网络结构特征，在考虑物流网络规划区域的行政区划、道路交通、地理环境、经济发展等客观条件基础上，对所有确定的站点，按站点功能、容量、运输条件、集散能力等指标进行综合评估后确定枢纽站点和其余站点的隶属分配关系[86]。在此基础上，有学者进一步研究了区域之间应急资源的联动方式和城际多 Hub 应急物流网络的协同性问题，如葛春景等研究了轴辐式网络中多 Hub 应急物资的联动性[87]；王菡等运用系统动力学对城际应急物流网络的协同性进行了研究[88]；葛春景等依据震灾的需求特点，考虑轴辐式网络的绕道缺点问题，构建带有绕道约束的单分配轴辐式网络的枢纽节点的最优选择模型[89,90]。

由上述文献可知，在震灾应急物资筹集网络优化研究进程中，学者更加关注需求为确定信息、筹集时间已知情况下的震灾应急物资筹集问题，这为本书研究提供了很好的借鉴，但将轴辐理论运用于应急物资筹集网络中的成果较少，尤其是针对应急初期阶段，研究枢纽节点为 Single-hub、需求信息不确定情形下轴辐式应急物资筹集网络结构和筹集决策就显得尤为必要。本书在现有学者研究基础上，根据应急物资满足程度和筹集时间最短要求，考虑应急物资需求时间无限制期约束、筹集时间为模糊区间数、单枢纽节点无容量限制、枢纽节点为 Single-hub 情形时的轴辐式应急物资筹集网络的优化与决策问题。

6.1 问题描述及假设

在 Single-hub 应急物资筹集网络中，给定应急物资筹集站点集合 $A=\{i\,|\,i=1,2,\cdots,n\}$，应急物资需求点集合 $D=\{j\,|\,j=1,2,\cdots,m\}$，应急物资集散中心为 h_1；在某一筹集周期 e 初，给定各参与救援的应急物资筹集站点 i 的 k 种应急物资提供量、单一枢纽节点(应急物资集散中心) h_1 的初始外生 k 种应急物资的筹集量和应急物资需求点 j 的 k 种应急物资的模糊区间数；给定全直送模式下从应急物资筹集站点 i 筹集单位 k 种应急物资到应急物资需求点 j 的单位平均筹集时间和单位平均筹集成本；给定全 Hub 模式下从应急物资筹集站点 i 筹集单位 k 种应急物资到 h_1 的单位平均筹集时间和筹集成本、周期 e 在应急物资集散中心的单位 k 种应急物资的转运耗时和转运成本以及从 h_1 配送到各应急物资需求点 j 的单位 k 种应急物资单位平均筹集时间和单位平均运输成本。现在筹集时间无限制期约束下，给定应急物资需求满足水平 λ，构建出具有直送模式和 Hub 模式的混合协同筹集的轴辐式应急物资筹集网络，使应急物资筹集时间最短，并在时间优先条件下确定最优筹集成本，并给出最优应急物资筹集方案 $Q=\{(A_1,x_1),(A_2,x_2),\cdots,(A_i,x_i)\}$ (其中 x_i 为筹集方案中应急物资提供点提供应急物资的数量)和最优的筹集路径调整方案。

假设 1：h_1 在筹集周期 e 无容量限制，各站点无车辆运输能力限制，每周期所需应急物资为一次性筹集。

假设 2：各应急物资筹集站点 i 在每一筹集周期 e 内的应急物资提供量一定，应急物资需求点 j 在同一筹集周期 e 内的模糊需求区间不变。

假设 3：h_1 在筹集周期 e 初的初始筹集量为 0。

假设 4：各应急物资提供站点相互不进行流量交换，即相互间相对独立，不存在应急物资转运。

假设 5：同一应急物资筹集站点 i 的节线连接具有复合分配性，即每一应急物资筹集站点可根据应急物资需求和筹集路径时间要求选择直送模式、Hub 模式和复合分配模式(直送模式和 Hub 模式同时采用)。

6.2 符 号 说 明

模型参数说明如下。

$L=\{k\,|\,k=1,2,\cdots,l\}$ 表示应急物资种类的集合。

q_{ki}：应急物资提供站点 i 在周期 e 能提供 k 种应急物资的量。

q_{kij}^d：混合轴辐网络中采用直送模式时从应急物资提供站点 i 筹集 k 种应急物资到应急物资需求点 j 的数量；c_{kij}^d 为此种情形下从应急物资提供站点 i 筹集 k 种应急物资到应急物

资需求点 j 的单位应急物资筹集成本。

q_{kij}^h：混合轴辐式网络中采用 Hub 模式时从应急物资提供站点 i 筹集 k 种应急物资经应急物资集散中心 h_1 转运到应急物资需求点 j 的数量。

c_{kij}^h 为此情形下的单位应急物资筹集成本(由固定成本和变动成本组成，为简化计算，本书不做进一步细分，下同)。

q_{kih}^h：混合轴辐式网络中采用 Hub 模式时从应急物资提供站点 i 筹集 k 种应急物资至应急物资集散中心 h_1 的数量；c_{kih}^h 为此情形下的单位应急物资筹集成本。

c_{khh}^h：周期 e 时 k 种应急物资在应急物资集散中心 h_1 转运的单位应急物资成本。

q_{khj}^h：混合轴辐式网络中采用 Hub 模式时从应急物资集散中心 h_1 转运 k 种应急物资至应急物资需求点 j 的数量；c_{khj}^h 为此情形下的单位应急物资筹集成本。

$\tilde{d}_{ekj} \in \left[d_{kj}^-, d_{kj}^+ \right]$：应急物资需求点 j 在筹集周期 e 时对 k 种应急物资的模糊需求，模糊需求为区间数，d_{kj}^- 为模糊需求的下限，d_{kj}^+ 为模糊需求的上限。

t_{kij}^d：混合轴辐式网络中采用直送模式时从应急物资提供站点 i 筹集 k 种应急物资至应急物资需求点 j 的单位应急物资筹集时间。

t_{kij}^h：混合轴辐式网络中采用 Hub 模式时从应急物资提供站点 i 筹集 k 种应急物资至应急物资需求点 j 的单位应急物资筹集时间。

t_{kih}^h：混合轴辐式网络中采用 Hub 模式时从应急物资提供站点 i 筹集 k 种应急物资至应急物资集散中心 h_1 的单位应急物资筹集时间。

t_{khh}^h：混合轴辐式网络中采用 Hub 模式时 k 种应急物资在应急物资集散中心 h_1 的单位应急物资滞留时间。

t_{khj}^h：混合轴辐式网络中采用 Hub 模式时 k 种应急物资从应急物资集散中心 h_1 转运至应急物资需求点 j 的单位应急物资转运时间。

T_{kij}^d：采用全直送模式下 k 种应急物资从应急物资提供站点 i 筹集至应急物资需求点 j 的总筹集时间。

T_{kij}^h：采用 Hub 模式下 k 种应急物资从应急物资提供站点 i 经应急物资筹集中心 h_1 转运至应急物资需求点 j 的总筹集时间。

T_{ek}：混合筹集网络在周期 e 筹集 k 种应急物资的总筹集时间。

C_{ek}：混合筹集网络在周期 e 筹集 k 种应急物资的总成本。

C_{kij}^d：直送模式下 k 种应急物资的总筹集成本。

C_{kij}^h：Hub 模式下 k 种应急物资的总筹集成本。

u_{eij}^d：周期 e 应急物资提供站点 i 分配给应急物资需求点 j 为 1，否则为 0。

z_{eih}^h：周期 e 应急物资提供站点 i 分配给应急物资集散中心 h_1 为 1，否则为 0。

$S = \left\{ (v_1, u_1), (v_2, u_2), \cdots, (v_i, u_j) \right\}$，$i \in A$，$j \in D$：节点之间构成的弧集合。

t_{ij}^{dh}：应急物资节点路径 (v_i, u_j) 从直送模式转换为 hub 模式所节省的时间。

t_{ij}^{hd}：应急物资节点路径(v_i, u_j)从 Hub 模式转换为直送模式所节省的时间。

6.3　模型构建、算法设计及验证

6.3.1　模型构建

建立无限制期模糊需求约束下 Single-hub 应急物资筹集线性规划模型：

$$\min T_{ek} = \sum_{i=1}^{n}\sum_{j=1}^{m} t_{kij}^d q_{kij}^d + \sum_{i=1}^{n} t_{kih}^h q_{kij}^h + t_{khh}^h q_{kih}^h + \sum_{j=1}^{m} t_{khj}^h q_{khj}^h \tag{6-1}$$

$$\min C_{ek} = \sum_{k=1}^{l}\sum_{i=1}^{n}\sum_{j=1}^{m} c_{kij}^d q_{kij}^d \cdot u_{eij}^d + \sum_{k=1}^{l}\sum_{i=1}^{n} c_{kih}^h q_{kih}^h \cdot z_{eih}^h + \sum_{k=1}^{l}\sum_{i=1}^{n} c_{khh}^h q_{khh}^h + \sum_{k=1}^{l}\sum_{j=1}^{m} c_{khj}^h q_{khj}^h \tag{6-2}$$

$$\text{s.t.}\quad \sum_{i=1}^{n}\sum_{j=1}^{m} q_{kij}^d + \sum_{i=1}^{n} q_{kih}^h \leqslant \sum_{i=1}^{n} q_{ki} \qquad (\forall i \in A, \forall j \in D, \forall k \in K) \tag{6-3}$$

$$\sum_{i=1}^{n} q_{ki} \geqslant \sum_{j=1}^{m} \tilde{d}_{ekj} \qquad (\forall i \in A, \forall j \in D) \tag{6-4}$$

$$\sum_{i=1}^{n}\sum_{j=1}^{m} q_{kij}^d \cdot u_{eij}^d + \sum_{i=1}^{n}\sum_{j=1}^{m} q_{kij}^h \cdot z_{eih}^h \leqslant \sum_{j=1}^{m} \tilde{d}_{ekj} \qquad (\forall i \in A, \forall j \in D, \forall k \in K) \tag{6-5}$$

$$t_{kij}^d = \begin{cases} t_{kij}^d & \sum_{k=1}^{l}\sum_{j=1}^{m} q_{kij}^d > 0 \\[3mm] 0 & \sum_{k=1}^{l}\sum_{j=1}^{m} q_{kij}^d = 0 \end{cases} \qquad (\forall i \in A, \forall j \in D, \forall k \in K) \tag{6-6}$$

$$t_{kih}^h = \begin{cases} t_{kih}^h & \sum_{k=1}^{l}\sum_{i=1}^{n} q_{kih}^h > 0 \\[3mm] 0 & \sum_{k=1}^{l}\sum_{i=1}^{n} q_{kih}^h = 0 \end{cases} \qquad (\forall i \in A, \forall j \in D, \forall k \in K) \tag{6-7}$$

$$\sum_{i=1}^{n} u_{eij}^d + \sum_{i=1}^{n} z_{eih}^h = n \qquad (\forall i \in A, \forall j \in D) \tag{6-8}$$

$$t_{kij}^d > 0, \quad t_{kih}^h > 0, \quad t_{khj}^h > 0, \quad \forall i \in A, \quad \forall j \in D, \quad \forall k \in K \tag{6-9}$$

$$u_{eij}^d \in \{0,1\}, \quad z_{eih}^h \in \{0,1\}, \quad h \in \{1\}, \quad \forall i \in A, \quad \forall j \in D \tag{6-10}$$

模型中，目标函数式(6-1)表示混合轴辐式应急物资筹集总时间，由四部分组成：第一部分表示在直送模式下第 e 筹集周期，筹集 k 种应急物资到应急物资需求点 j 的筹集时间；第二部分表示在 Hub 模式下第 e 筹集周期，筹集 k 种应急物资到应急物资集散中心 h_1 的筹集时间；第三部分表示第 e 筹集周期，集中在应急物资集散中心 h_1 的 k 种应急物资滞留时间；第四部分表示第 e 筹集周期，从应急物资集散中心 h_1 转运 k 种应急物资至应急物资需求点 j 的筹集时间。目标函数式(6-2)表示混合轴辐式筹集网络在筹集周期 e 筹集 k 种应急物资的总筹集成本，由四部分组成：第一部分表示直送模式下第 e 筹集周期筹集 k 种应急物资到应急物资需求点 j 的运输成本；第二部分表示在 Hub 模式下第 e 筹集周期，筹集 k 种应急物资到应急物资集散中心 h_1 的运输成本；第三部分表示第 e 筹集周期，集中在应急物资集散中心 h_1 的 k 种应急物资的中转成本；第四部分表示第 e 筹集周期，从应急物资集散中心 h_1 转运 k 种应急物资至应急物资需求点 j 的运输费用。

约束条件中式 (6-3) 表示在混合轴辐式网络筹集模式中，通过直送模式和 Hub 模式筹集 k 种应急物资到应急物资需求点 j 的总量不超过应急物资提供站点的总供给量；式 (6-4) 表示在周期 e 应急物资提供站点 i 能提供 k 种应急物资的总量不小于应急物资需求点 j 的总需求量；式 (6-5) 表示在周期 e 通过直送模式和 Hub 模式筹集 k 种应急物资到需求点 j 的量不超过总需求量；式 (6-6)、式 (6-7) 为实际筹集时间发生的约束条件，表示在任何节线若产生应急物资流量则按实际发生时间计算，否则筹集时间为 0；式 (6-8) 为节点限制条件；式 (6-9) 为非负约束条件；式 (6-10) 为 0-1 决策变量。约束条件中式 (6-4)、式 (6-5) 的需求为不确定参数，无法直接计算，需将模糊区间数清晰化，使模糊区间数转化为一般实数约束条件，才能对区间规划模型进一步求解。本节以模糊区间数来刻画应急物资需求的不确定性，尽管增加了问题的难度，但能避免确定模糊数的悲观值、正常值和乐观值以及选择适宜的隶属度函数形式的困难，而且选择模糊区间数来描述应急物资需求的不确定性，更加符合震灾实际。

6.3.2 模糊区间数处理与算法设计

1. 模糊区间数处理

以上规划模型为区间线性规划模型 (interval linear programming model, ILPM)，需要将约束式中的模糊区间数清晰化，本节参考 Tanaka 和 Stefan 对区间数的定义，采用区间数之间的模糊序关系对区间进行排序，使区间数之间、区间数与实数之间可进行比较，进而将 ILPM 转化为带有一般实数约束的规划模型，便于模型的求解[91-95]。

定义 1 区间数 $A \in [a^-, a^+]$，$B \in [b^-, b^+]$，若 $A \leqslant B$ 或 $A < B$，则 $a^- \leqslant b^-$，$a^+ \leqslant b^+$ 或 $A \leqslant B$ 且 $A \neq B$。其中，$a \in \mathbf{R}$，$b \in \mathbf{R}$。

在定义 1 中，Tanaka 给出了区间数之间的传递关系，但无法对两个区间数的大小进行有效比较，下面对定义 1 进行拓展，用序关系的满足程度来比较区间数之间、区间数与一般实数之间的大小。

定义 2 对区间数 $A \in [a^-, a^+]$，$B \in [b^-, b^+]$，记 $\mathrm{len}(A) = a^+ - a^-$，$\mathrm{len}(B) = b^+ - b^-$，则称

$$\mathrm{poss}(A \leqslant B) = \frac{\max(0, \mathrm{len}(A)) + \mathrm{len}(B) - \max(0, a^+ - b^-)}{\mathrm{len}(A) + \mathrm{len}(B)} \tag{6-11}$$

为区间 $A \leqslant B$ 的可能度。

可能度有如下性质：

性质 1 $\mathrm{poss}(A \leqslant B) = \mathrm{poss}(B \leqslant A) \Leftrightarrow \mathrm{poss}(A \leqslant B) = \mathrm{poss}(B \leqslant A) = \dfrac{1}{2}$ 且 $A = B$；

性质 2 $a^+ \leqslant b^- \Leftrightarrow \text{poss}(A \leqslant B) = 1$，$a^- \geqslant b^+ \Leftrightarrow \text{poss}(A \leqslant B) = 0$；

性质 3 对区间 A、B、C，$A \leqslant B \Leftrightarrow \text{poss}(A \leqslant C) \geqslant \text{poss}(B \leqslant C)$；

性质 4 $\text{poss}(A \leqslant B) = p$，则有 $\text{poss}(B \leqslant A) = 1 - p$。

由定义 2 可得到区间之间的偏序关系，由性质 1～4 可知区间数之间的比较实际上是实数比较的延伸，实数可视为区间数的上下限相等，进一步可得到实数与区间之间的可能度大小计算式：

$$\text{poss}(a \leqslant B) = \frac{\max(0, \text{len}(B)) - \max(0, a - b^-)}{\text{len}(B)} \tag{6-12}$$

$$\text{poss}(A \leqslant b) = \frac{\max(0, \text{len}(A)) - \max(0, a^+ - b)}{\text{len}(A)} \tag{6-13}$$

定义 3 对 ILPM 的任一解 x，称 $\lambda = \text{poss}\left(\sum_{i=1}^{n} A_{ij} x_i \leqslant B\right)$ 为 X 对约束条件 j 的优化水平。

由定义 3，给定约束水平 λ，可根据定义 2 将区间数转化为实数约束条件。

定理 1 在约束水平 λ 下，$\sum_{i=1}^{n} A_{ij} x_i \leqslant B$ 的确定型转化式为

$$(1-\lambda)\sum_{i=1}^{n} a_{ij}^- x_i + \lambda \sum_{i=1}^{n} a_{ij}^+ x_i \leqslant \lambda b_j^- + (1-\lambda) b_j^+ \tag{6-14}$$

证明：若式 (6-14) 成立，由 $\text{len}\left(\sum_{i=1}^{n} A_{ij} x_i\right) = \sum_{i=1}^{n} a_{ij}^+ x_i - \sum_{i=1}^{n} a_{ij}^- x_i$，$\text{len}(B_j) = b_j^+ - b_j^- \geqslant 0$，得到

$$\lambda \leqslant \frac{\text{len}\left(\sum_{i=1}^{n} A_{ij} x_i\right) + \text{len}(B_j) - \left(\sum_{i=1}^{n} a_{ij}^+ x_i - b_j^-\right)}{\text{len} \sum_{i=1}^{n} A_{ij} x_i + \text{len}(B_j)}$$

由定义 2，若 $\sum_{i=1}^{n} a_{ij}^+ x_i - b_j^- < 0$，有 $\text{poss}\left(\sum_{i=1}^{n} A_{ij} x_i \leqslant B_j\right) \geqslant \lambda$ 成立；若 $\sum_{i=1}^{n} a_{ij}^+ x_i - b_j^- \geqslant 0$，有 $\text{poss}\left(\sum_{i=1}^{n} A_{ij} x_i \leqslant B_j\right) < \lambda$ 成立，同样可证式 (6-14) 成立。

由上述定义和分析可得到约束条件含模糊区间参数的 ILPM 转化为含实数参数的 LPM(linear programming model，线性规划模型)。若给定优化水平 λ，ILPM 可转化为如下线性规划问题：

$$\min f(X) = f(x_1, x_2, \cdots, x_n) = \sum_{i=1}^{n} C_i x_i \tag{6-15}$$

s.t. $(1-\lambda)\sum_{i=1}^{n} a_{ij}^- x_i + \lambda \sum_{i=1}^{n} a_{ij}^+ x_i \leqslant \lambda b_j^- + (1-\lambda) b_j^+$　$(j=1,2,\cdots,m; x_i \geqslant 0; i=1,2,\cdots,n)$ $\quad$ (6-16)

则约束函数式 (6-4)、式 (6-5) 的模糊需求区间可用式 (6-17) 替换后，将 ILPM 转化为含实数约束的 LPM：

$$\sum_{i=1}^{n} q_{ki} \geqslant \lambda_j \sum_{j=1}^{m} d_{kj}^+ + (1-\lambda_j)\sum_{j=1}^{m} d_{kj}^+ \qquad (\forall i \in A，\forall j \in D) \tag{6-17}$$

$$\sum_{i=1}^{n}\sum_{j=1}^{m}q_{kij}^{d}\cdot u_{eij}^{d}+\sum_{i=1}^{n}\sum_{j=1}^{m}q_{kij}^{h}\cdot z_{eih}^{h}\leqslant(1-\lambda_{j})\sum_{j=1}^{m}d_{kj}^{-}+\lambda_{j}\sum_{j=1}^{m}d_{dj}^{-}\quad(\forall i\in A,\forall j\in D,\forall k\in K)\quad(6\text{-}18)$$

式(6-17)、式(6-18)中的参数 λ 为可变参数,应急救援指挥中心可根据灾害复杂程度和救援的难易程度给出 1 个或多个参数 λ 的评估值,然后根据偏好在不同应急物资筹集方案中选择最优方案。

2. 算法设计

式(6-1)～式(6-10)经过模糊处理后的优化模型与现有相关模型有本质区别。首先,在筹集时间无限制约束下,条件 $\sum_{i=1}^{n}q_{ki}\geqslant\sum_{j=1}^{m}\tilde{d}_{ekj}$ 的设定,能使参与响应的筹集站点在满足筹集时间最短前提下,优化其响应数量,降低应急物资筹集成本;其次,改变众多相关模型的单一路径连接关系,本模型根据应急物资满足程度和时间最短要求采用混合复合路径连接方式,保证筹集网络的效率和效益;再次,用模糊区间来描述需求的不确定,使模型更加贴近实际。经模糊处理后的线性规划模型属 NP 问题,直接求解较为困难,现实中关于解决这类问题的方法众多,如一些智能优化算法中的模拟退火算法、克隆免疫算法、禁忌搜索算法和遗传算法等。为减少问题求解难度,本节采用逐次枚举的启发式算法求解无限制期模糊需求约束下的 Single-hub 应急物资筹集线性规划模型,采用该算法的原因在于:本书模型无明显的筹集限制期,这要求筹集时间为第一优化目标,筹集成本是在时间最短时的成本,不属于主要优化目标。这样一来,可以将原问题的双目标规划模型转换为全直送式和纯 Hub 模式的单目标线性规划模型求解,如果用逐次枚举算法能够使问题的求解难度大大简化,而且利用计算机的快速重复计算功能,能够很快将所有节点弧逐次枚举[96,97],寻找全局最优的节点弧集,最后决策出最优的应急物资筹集方案。

(1) 无限制期下全直送式筹集网络的单目标规划模型

$$\min T_{kij}^{d}=\sum_{i=1}^{n}\sum_{j=1}^{m}q_{kij}^{d}t_{kij}^{d}\cdot A_{ei}\quad(6\text{-}19)$$

$$\text{s.t.}\quad\sum_{i=1}^{n}q_{ki}\geqslant\sum_{i=1}^{n}\sum_{j=1}^{m}q_{kij}^{d}\quad(\forall i\in A,\forall j\in D,\forall k\in K)\quad(6\text{-}20)$$

$$\sum_{i=1}^{n}q_{ki}\geqslant(1-\lambda)\sum_{j=1}^{m}d^{-}+\lambda\sum_{j=1}^{m}d^{-}\quad(\forall i\in A,\forall j\in D)\quad(6\text{-}21)$$

$$t_{kij}^{d}=\begin{cases}t_{kij}^{d}&\sum_{k=1}^{l}\sum_{j=1}^{m}q_{kij}^{d}>0\\[4mm]0&\sum_{k=1}^{l}\sum_{j=1}^{m}q_{kij}^{d}=0\end{cases}\quad(\forall i\in A,\forall j\in D,\forall k\in K)\quad(6\text{-}22)$$

$$t_{kij}^{d}>0,\forall i\in A,\forall j\in D,\forall k\in K\quad(6\text{-}23)$$

$$A_{ei}\in\{0,1\},\forall i\in A\quad(6\text{-}24)$$

模型中,目标函数式(6-19)为直送模式下总应急物资筹集时间; A_{ei} 为 0-1 决策变量,若应急物资提供站点 i 参与筹集响应,则为 1,否则为 0。

约束函数中式(6-20)为应急物资筹集提供站点 i 在周期 e 能提供 k 种应急物资的总量不小于从应急物资需求点 i 筹集 k 种应急物资到应急物资需求点 j 的总量，式(6-21)为应急物资提供量约束函数，表示应急物资提供站点 i 总量不小于应急物资需求点 j 的总量，式(6-22)为单位应急物资平均筹集时间约束函数，式(6-23)为非负约束，式(6-24)为 0-1 决策变量。

(2) 无限制期下 Single-hub 筹集网络的单目标规划模型

$$\mathrm{min}\, T_{kij}^{h} = \sum_{i=1}^{n} q_{kih}^{h} t_{kih}^{h} \cdot A_{ei} + \sum_{i=1}^{n} q_{kih}^{h} t_{khh}^{h} + \sum_{j=1}^{m} q_{kij}^{h} t_{kjh}^{h} \tag{6-25}$$

$$\text{s.t.} \quad \sum_{i=1}^{n} q_{ki} \geqslant \sum_{i=1}^{n}\sum_{j=1}^{m} q_{kij}^{h} \qquad (\forall i \in A, \forall j \in D, \forall k \in K) \tag{6-26}$$

$$\sum_{i=1}^{n} q_{ki} \geqslant \sum_{i=1}^{n} q_{kih}^{h} \qquad (\forall i \in A, \forall k \in K) \tag{6-27}$$

$$\sum_{i=1}^{n} q_{kih}^{h} = \sum_{j=1}^{n} q_{khj}^{h} \qquad (\forall i \in A, \forall j \in D, \forall k \in K) \tag{6-28}$$

$$\sum_{i=1}^{n} q_{ki} \geqslant (1-\lambda)\sum_{j=1}^{m} d^{-} + \lambda\sum_{j=1}^{m} d^{-} \qquad (\forall i \in A, \forall j \in D) \tag{6-29}$$

$$\sum_{i=1}^{n} q_{kih}^{h} = \sum_{i=1}^{n} q_{khj}^{h} = (1-\lambda)\sum_{j=1}^{m} d^{-} + \lambda\sum_{j=1}^{m} d^{-} \qquad (\forall i \in A, \forall j \in D, \forall k \in K) \tag{6-30}$$

$$t_{kih}^{h} > 0, \forall i \in A, \forall k \in K \tag{6-31}$$

$$t_{kih}^{h} = \begin{cases} t_{kih}^{h} & \sum_{k=1}^{l}\sum_{i=1}^{n} q_{kih}^{h} > 0 \\ & \qquad\qquad\qquad (\forall i \in A, \forall j \in D, \forall k \in K) \\ 0 & \sum_{k=1}^{l}\sum_{i=1}^{n} q_{kih}^{h} = 0 \end{cases} \tag{6-32}$$

$$A_{ei} \in \{0,1\}, \quad \forall i \in A \tag{6-33}$$

定义 4　如果存在应急物资提供站点序列 $A_1^*, A_2^*, \cdots, A_n^*$ 在 $p\,(P \leqslant n)$ 时使得 $\sum_{i=1}^{p-1} A_n^* <$

$(1-\lambda)\sum_{j=1}^{m} d_j^- + \lambda\sum_{j=1}^{m} d_j^+ \leqslant \sum_{i=1}^{p} A_n^*$ 成立，称 p 为该序列对 $(1-\lambda)\sum_{j=1}^{m} d_j^- + \lambda\sum_{j=1}^{m} d_j^+$ 的临界下标。

给定 n 个应急物资提供站点 i、各站点的应急物资提供量 q_{ki}、m 个应急物资需求点 j 的需求约束水平 λ。

步骤 1：在全直送模式下，给定需求约束水平 λ，根据定义 4，确定参加筹集响应的应急物资提供站点的方案集合，然后求解直送模式下单目标线性规划模型，得到最优路径连接方案和应急物资提供站点的物资分配方案；其中，筹集物资分配的原理设计如下。

① 对参与筹集响应的应急物资提供站点的每一个方案，把从应急物资提供站点 i 到应急物资需求点 j 的单位应急物资筹集时间，按升序重新排列，计算满足条件的 $\sum_{i=1}^{p-1} A_n^* < (1-\lambda)\sum_{j=1}^{m} d_j^- + \lambda\sum_{j=1}^{m} d_j^+ \leqslant \sum_{i=1}^{p} A_n^*$ 时的临界值 p，然后从到达 D_j 最短的单位应急物资筹集时间所对应的需求点开始分配，分配完毕将参与该需求点分配的应急物资提供站点的供

给量剔除，再分配给运输时间较短的需求点(若出现相等单位应急物资筹集时间情况时，则不考虑先后顺序)，如此往复，后续参与筹集响应的应急物资提供站点均将已供给量予以剔除，通过这种分配以保证整个应急筹集时间最短。

②对方案集合中所有方案按①的原理分配后，选择应急物资筹集时间最短的方案，作为最优筹集物资分配方案(若存在相等方案，则根据筹集成本予以取舍)，进而计算最优筹集时间 T_{kij}^d。

步骤 2：在 Hub 模式下，给定需求约束水平 λ，根据定义 4 确定参加筹集响应的应急物资提供站点的方案集合，并确定 $\min\sum_{i=1}^{n}q_{kih}^h t_{kih}^h$ 时所对应的应急物资提供站点组合，然后分别计算 $\sum_{i=1}^{n}q_{kih}^h t_{khh}^h$、$\sum_{j=1}^{m}q_{khj}^h t_{khj}^h$ 和 T_{kij}^h。

步骤 3：比较 T_{kij}^h 和 T_{kij}^d 大小。

情况①：若 $T_{kij}^d < T_{kij}^h$，记 $T_{ek}^0 = T_{kij}^d$，需改进弧集为 $S^d = \left\{ (v_1^d, u_1^d),(v_2^d, u_2^d),\cdots,(v_i^d, u_j^d) \right\}$ (这里的弧集为直送模式下从应急物资提供点到应急物资需求点的路径集合)，对任意弧 $(v_i^d, u_j^d) \in S^d$ (这里的 v_i 为直送模式下应急物资提供点，u_j 为应急物资需求节点，这些节点连接成节线，就构成了直送模式下的弧集)，给定初始值 i，在 Hub 模式下对所有参与筹集响应的 $z_{eih}^h = 1$ 的应急物资提供站点 i，从应急物资提供点 i 到应急物资需求点 j 的单位平均筹集时间 t_{kij}^h 按升序排列，记为集合 $\chi = \left\{ \chi_s(v_i, u_j) \mid z_{eih}^h = 1 \right\}$，$s = 1,2,\cdots,m$。

a. 令 $s=1$，计算 $\chi_s(v_i, u_j)$ 分别在直送模式和 Hub 模式下的单位应急物资筹集时间，记为 χ_s^h 和 χ_s^d；

b. 比较 χ_s^h 和 χ_s^d，若 $\chi_s^h \geq \chi_s^d$，即 $t_{ij}^{dh} \leq 0$ [其中，$t_{ij}^{dh} = t_{kij}^d - (t_{kih}^h + t_{khh}^h + t_{khj}^h)$]，保持 $\chi_s(v_i, u_j)$ 为直送模式，转步骤 4；若 $\chi_s^h < \chi_s^d$，即 $t_{ij}^{dh} > 0$，说明 $\chi_s(v_i, u_j)$ 从直送模式转换为 Hub 模式能缩短应急物资筹集时间，此时混合筹集网络的总时间为 $T_{ek}^1 = \sum_{i=1}^{n}q_{kij}^d t_{kij}^d \cdot u_{eij}^d + \sum_{i=1}^{n}q_{kih}^h t_{kih}^h \cdot u_{eij}^d + q_{kih}^h t_{khh}^h + \sum_{j=1}^{m}t_{khj}^h q_{khj}^h$，同时改变初始弧集，然后转至步骤 5。

情况②：若有 $T_{kij}^d > T_{kij}^h$，记 $T_{ek}^0 = T_{kij}^h$，需改进弧集为 $S^h = \left\{ (v_1^h, u_1^h),(v_2^h, u_2^h),\cdots,(v_i^h, u_j^h) \right\}$。对任意弧 $(v_i^h, u_j^h) \in S^h$ 给定初始值 i，在直送模式下对所有参与筹集响应的 $u_{eij}^d = 1$ 的应急物资提供点 i，从应急物资提供点 i 到应急物资需求点 j 的单位平均筹集时间 t_{kij}^d 按升序排列，记为集合 $\chi = \left\{ \chi_s(v_i, u_j) \mid u_{eij}^h = 1 \right\}$，$s = 1,2,\cdots,m$。

下面与情况①中的 a 和 b 类似。

a. 令 $s=1$，计算 $\chi_s(v_i, u_j)$ 分别在直送模式和 hub 模式下的单位应急物资筹集时间，记为 χ_s^h 和 χ_s^d。

b. 比较 χ_s^h 和 χ_s^d，若 $\chi_s^h \leq \chi_s^d$，即 $t_{ij}^{hd} \leq 0$ [其中，$t_{ij}^{hd} = -t_{kij}^d + (t_{kih}^h + t_{khh}^h + t_{khj}^h)$]，保持 $\chi_s(v_i, u_j)$ 为 Hub 模式，转步骤 4；若 $\chi_s^h > \chi_s^d$，即 $t_{ij}^{hd} > 0$，说明 $\chi_s(v_i, u_j)$ 从 Hub 模式转换为直送模式能缩短应急物资筹集时间，此时混合筹集网络的总时间为

$$T_{ek}^1 = \sum_{i=1}^n q_{kij}^d t_{kij}^d \cdot u_{eij}^d + \sum_{i=1}^n q_{kih}^h t_{kih}^h \cdot u_{eij}^d + q_{kih}^h t_{khh}^h + \sum_{j=1}^m t_{khj}^h q_{khj}^h$$ ，同时改变初始弧集，然后转至步骤 5。

步骤 4：求混合筹集网络结构 $\{S^d, S^h\}$ 在周期 e 筹集 k 种应急物资的筹集总时间，记为 T_{ek}^1。

步骤 5：比较 T_{ek}^1 和 T_{ek}^0。若有 $T_{ek}^1 < T_{ek}^0$，此时应急物资筹集网络为最优混合轴辐网络结构，进一步输出结果，包括弧集 $S^* = \{(v_1, u_1), (v_2, u_2), \cdots, (v_i, u_j)\}$、最短应急物资筹集总时间 T_{ek}、最优应急物资筹集方案及筹集成本；若 $T_{ek}^1 > T_{ek}^0$，记 T_{ek}^1 为最新应急物资筹集时间，然后进入步骤 6。

步骤 6：令 $s = s+1$，重复第 3 步直到 $\chi = \phi$。

步骤 7：令 $i = i+1$，重复第 3 步至第 6 步，直到 $i > m$，搜索结束，输出结果。

6.3.3　案例验证

本节采用数字仿真来验证本节模型和算法的有效性，所有仿真研究均采用 MATLAB_R2012a 来实现。以 2008 年 8 月 30 日云南元谋县发生的强烈地震为仿真算例，地震发生初期，当地政府临时应急指挥中心快速确定了 8 个应急物资提供点 $A_1, A_2, \cdots, A_8$（其节点集合为 $v = \{v_1, v_2, \cdots, v_8\}$）、4 个应急物资需求点 $D_1, D_2, \cdots, D_4$（其节点集合为 $u = \{u_1, u_2, \cdots, u_4\}$）和 1 个应急物资集散中心 h_1，各节点地理位置信息如图 6-1 所示。现以筹集帐篷为例，灾害发生后的第 1 筹集周期，各应急物资需求点的模糊区间数、各应急物资提供站点的物资提供量、直送模式下各应急物资提供点到各应急物资需求点的单位应急物资平均筹集时间、Hub 模式下各应急物资提供站点到应急物资集散中心的单位应急物资平均筹集时间、Hub 模式下从应急物资集散中心到各个需求点的单位应急物资平均筹集时间以及直送模式和 Hub 模式下相关节点单位应急物资成本等数据如表 6-1～表 6-6 所示。给定应急物资需求约束水平 $\lambda = 1$ 和 $\lambda = 0.7$，要求做决策：①优化应急物资筹集网络，构建具有混合协同筹集模式的应急物资筹集网络；②提出最优应急物资筹集方案，包括帐篷物资筹集方案、最短筹集时间及筹集成本。

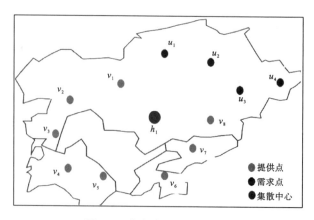

图 6-1　节点地理位置信息图

表 6-1　应急物资提供站点的供给量　　　　　　（单位：顶）

站点	A_1	A_2	A_3	A_4	A_5	A_6	A_7	A_8
提供量	130	280	180	210	90	260	100	150

表 6-2　应急物资需求点的模糊区间　　　　　　（单位：顶）

需求点	D_1	D_2	D_3	D_4
模糊需求区间	[300,370]	[260,310]	[280,340]	[260,380]

表 6-3　直送模式下单位应急物资平均筹集时间　　　　　　（单位：h）

	A_1	A_2	A_3	A_4	A_5	A_6	A_7	A_8
D_1	1	2	3	4	3	2	3	2
D_2	2	3	4	5	4	3	2	1
D_3	3	4	5	4	3	2	1	0.5
D_4	4	5	6	6.5	5	4	3	2

表 6-4　Hub 模式下单位应急物资平均筹集时间　　　　　　（单位：h）

提供点	A_1	A_2	A_3	A_4	A_5	A_6	A_7	A_8
h_1	1	1.5	2	2.5	2	1	0.5	0.5
需求点	D_1	D_2	D_3	D_4	—	—	—	—
h_1	1	1.5	2	3	—	—	—	—

注：h_1 为 Single-hub 点，A_i 为应急物资提供点，D_j 为应急物资需求点，后同

表 6-5　直送模式下单位应急物资筹集成本　　　　　　（单位：万元）

	A_1	A_2	A_3	A_4	A_5	A_6	A_7	A_8
D_1	2	1	3	2	4	6	3	5
D_2	5	2	4	1	3	9	2	3
D_3	5	2	1	3	7	2	2	1
D_4	2	3	2	5	2	1	5	1

表 6-6 Hub 模式下单位应急物资筹集成本 （单位：万元）

提供点	A_1	A_2	A_3	A_4	A_5	A_6	A_7	A_8
h_1	2	1	3	2	1.5	3	1	2
需求点	D_1	D_2	D_3	D_4	—	—	—	—
h_1	2	1	3	1	—	—	—	—

注：单位应急物资在应急物资集散中心的中转和处理费用设为 0.5 万元

以上各表数据为某一特定筹集周期 e 的数据，所有数据可以通过潜力数据库调查、应急物资需求预测和专家决策等方式获取。

（1）当 $\lambda = 1$ 时，经模糊处理后的 ILPM 需 8 个应急物资提供站点全部参与筹集响应。

①直送模式下，运用 MATLAB_R2012a 求解单目标 LPM，得到最优分配方案和应急物资筹集网络结构，如表 6-7、图 6-2 所示。

表 6-7 直送模式下应急物资筹集方案（$\lambda = 1$） （单位：顶）

D_j	应急物资筹集方案
D_1	（A_1,130），（A_2,240）
D_2	（A_2,40），（A_3,100），（A_6,170）
D_3	（A_6,90），（A_7,100），（A_8,150）
D_4	（A_3,80），（A_4,210），（A_5,90）

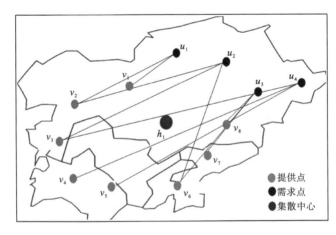

图 6-2 直送模式下应急物资筹集网络结构图

由表 6-3、表 6-7 得到应急物资筹集总时间为 $T_{kij}^d = 4290$ h。

②Hub 模式下。参加筹集响应的应急物资提供站点都必须集中到应急物资集散中心 h_1 后，再经 h_1 分散至各需求点；此时，Hub 模式下的应急物资筹集总时间可按下式计算：

$$T_{kij}^h = \sum_{i=1}^n q_{kih}^h t_{kih}^h \cdot z_{eih}^h + \sum_{i=1}^n q_{kih}^h t_{khh}^h + \sum_{j=1}^m q_{khj}^h t_{kjh}^h \tag{6-34}$$

由式(6-34)求得 $T_{kij}^h = 4705\,\mathrm{h}$。

③混合协同筹集网络结构及筹集方案。比较 T_{kij}^h 和 T_{kij}^d，有 $T_{kij}^d < T_{kij}^h$，符合算法步骤 3 情况①的情形，进一步根据算法设计，采用 MATLAB_R2012a 工具箱编程搜索出需从直送模式调整为 Hub 模式的节线(v_i, u_j)，然后确定网络结构调整方案、应急物资筹集方案及最短筹集时间和成本，其筹集方案及网络结构如表 6-8 和图 6-3 所示。

表 6-8 应急物资筹集优化方案（$\lambda = 1$）

直送模式优化节线组合		转换为 Hub 模式的路径和时间		χ_s^d 和 χ_s^h 比较	混合协同筹集最优路径	优化后成本/万元	帐篷筹集量/顶
节线	时间/h	路径	时间/h				
(v_1, u_1)	1	$A_1 \to h_1 \to D_1$	2	$\chi_s^d < \chi_s^h$	$A_1 \to D_1$	260	130
(v_2, u_1)	2	$A_2 \to h_1 \to D_1$	2.5	$\chi_s^d < \chi_s^h$	$A_2 \to D_1$	240	240
(v_2, u_2)	3	$A_2 \to h_1 \to D_2$	3	$\chi_s^d = \chi_s^h$	$A_2 \to h_1 \to D_2$	100	40
(v_3, u_2)	4	$A_3 \to h_1 \to D_2$	4	$\chi_s^d = \chi_s^h$	$A_3 \to h_1 \to D_2$	450	100
(v_3, u_4)	6	$A_3 \to h_1 \to D_4$	5	$\chi_s^d > \chi_s^h$	$A_3 \to h_1 \to D_4$	360	80
(v_4, u_4)	6.5	$A_4 \to h_1 \to D_4$	5.5	$\chi_s^d > \chi_s^h$	$A_4 \to h_1 \to D_4$	735	210
(v_5, u_4)	5	$A_5 \to h_1 \to D_4$	5	$\chi_s^d = \chi_s^h$	$A_5 \to h_1 \to D_4$	270	90
(v_6, u_2)	3	$A_6 \to h_1 \to D_2$	2.5	$\chi_s^d > \chi_s^h$	$A_6 \to h_1 \to D_2$	765	170
(v_6, u_3)	2	$A_6 \to h_1 \to D_3$	3	$\chi_s^d > \chi_s^h$	$A_6 \to D_3$	180	90
(v_7, u_3)	1	$A_7 \to h_1 \to D_3$	2.5	$\chi_s^d < \chi_s^h$	$A_7 \to D_3$	200	100
(v_8, u_3)	0.5	$A_8 \to h_1 \to D_3$	2.5	$\chi_s^d < \chi_s^h$	$A_8 \to D_3$	150	150

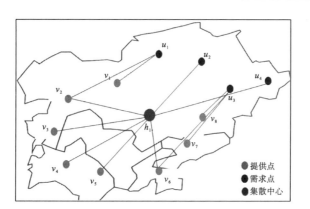

图 6-3 混合模式下应急物资筹集网络结构图（$\lambda = 1$）

从表 6-8 可知，当需求约束水平 $\lambda = 1$ 时，经迭代优化的筹集总时间保持为 $T_{ek}^1 < T_{ek}^0$ 且不变时搜索和迭代终止。其中，$T_{ek}^1 = 4090h$，比初始时间 $T_{ek}^0 = 4290h$ 缩短 200h，节约时间 4.66%，此时的筹集总成本为 3710 万元，筹集最短时间为最晚达到需求点的应急物资提供站点 A_4，路径为 $A_4 \rightarrow h_1 \rightarrow D_4$，最短筹集时间为 5.5h。

（2）当 $\lambda = 0.7$ 时，首选对模糊需求区间去模糊化处理，再从现有的 8 个应急物资提供站点中确定最优响应点，最后按以上算法求解规划模型，其方法与约束水平 $\lambda = 1$ 时的类似，具体方案如表 6-9 所示。

表 6-9 应急物资筹集优化方案（$\lambda = 0.7$）

直送模式优化节线组合		转换为 Hub 模式的路径和时间		χ_s^d 和 χ_s^h 比较	混合协同筹集最优路径	优化后成本/万元	帐篷筹集量/顶
节线	时间/h	路径	时间/h				
(v_1, u_1)	1	$A_1 \rightarrow h_1 \rightarrow D_1$	2	$\chi_s^d < \chi_s^h$	$A_1 \rightarrow D_1$	260.0	130
(v_2, u_1)	2	$A_2 \rightarrow h_1 \rightarrow D_1$	2.5	$\chi_s^d < \chi_s^h$	$A_2 \rightarrow D_1$	219.0	219
(v_2, u_2)	3	$A_2 \rightarrow h_1 \rightarrow D_2$	3	$\chi_s^d = \chi_s^h$	$A_2 \rightarrow h_1 \rightarrow D_2$	152.5	61
(v_3, u_2)	4	$A_3 \rightarrow h_1 \rightarrow D_2$	4	$\chi_s^d = \chi_s^h$	$A_3 \rightarrow h_1 \rightarrow D_2$	180.0	40
(v_6, u_2)	3	$A_6 \rightarrow h_1 \rightarrow D_2$	2.5	$\chi_s^d > \chi_s^h$	$A_6 \rightarrow h_1 \rightarrow D_2$	873.0	194
(v_6, u_3)	2	$A_6 \rightarrow h_1 \rightarrow D_3$	3	$\chi_s^d < \chi_s^h$	$A_6 \rightarrow D_3$	132.0	66
(v_7, u_3)	1	$A_7 \rightarrow h_1 \rightarrow D_3$	2.5	$\chi_s^d < \chi_s^h$	$A_7 \rightarrow D_3$	200.0	100
(v_8, u_3)	0.5	$A_8 \rightarrow h_1 \rightarrow D_3$	2.5	$\chi_s^d < \chi_s^h$	$A_8 \rightarrow D_3$	150.0	150
(v_3, u_4)	6	$A_3 \rightarrow h_1 \rightarrow D_4$	5	$\chi_s^d > \chi_s^h$	$A_3 \rightarrow h_1 \rightarrow D_4$	630.0	140
(v_4, u_4)	6.5	$A_4 \rightarrow h_1 \rightarrow D_4$	5.5	$\chi_s^d > \chi_s^h$	$A_4 \rightarrow h_1 \rightarrow D_4$	399.0	114
(v_5, u_4)	5	$A_5 \rightarrow h_1 \rightarrow D_4$	5	$\chi_s^d = \chi_s^h$	$A_5 \rightarrow h_1 \rightarrow D_4$	270.0	90

当约束水平 $\lambda = 0.7$ 时，$T_{kij}^d = 3831h$，$T_{kij}^h = 4235.5h$，有 $T_{kij}^d < T_{kij}^h$，需就直送模式中节线与 Hub 模式下节线进行比较，判断是否需要将直送模式中的路径转换为中转节线路径，经过计算机迭代和搜索，直到筹集时间稳定不变时终止迭代，输出结果，此时 $T_{ek}^1 < T_{ek}^0$。优化后筹集网络的最优筹集总时间为 $T_{ek}^1 = 3480h$，比初始时间 $T_{ek}^0 = 3831h$ 缩短 351h，节约时间 9.16%，此时的筹集总成本为 3465.5 万元，筹集最短时间为最晚达到需求点的应急物资提供站点 A_4，路径也 $A_4 \rightarrow h_1 \rightarrow D_4$，最短筹集时间为 5.5h。

为检验算法的有效性，本节采用目前智能优化算法中通用性强、对信息依赖少的模拟退火算法（simulated annealing, SA）对本节问题进行优化求解。采用 SA 求解本节优化模型时，设定初始温度为 2000 度，下降比例为 0.95，温度低于 10 度时采用等步长下降法，步长为 1，同一温度迭代次数为 150，目标函数在 10 次迭代无变化时终止算法，输出结果与本节一致，证明本节算法有效、可行，而且算法简单和易操作。

6.4 结 论

本书通过构建多目标规划模型，有效实现了模糊筹集时间下 Single-hub 应急物资筹集决策问题的优化，为应急决策主体提供了很好的模型原型和决策方法借鉴。首先，考虑多应急物资、枢纽中心无容量限制、筹集时间为模糊区间数等参数约束，提出多参数约束下筹集时间为模糊区间数的 Single-hub 应急物资筹集的多目标规划模型；其次，根据应急物资筹集系统的总时间约束，运用逐次枚举优化算法，将应急物资筹集的双目标规划模型分别转换为全直送模式和纯 Hub 模式的单目标线性规划求解；再次，通过设计逐次枚举算法，将所有节点弧逐次迭代，寻找全局最优弧集，确定了混合轴辐式应急物资筹集网络结构。案例验证表明：基于逐次枚举的启发式算法相比模拟退火算法在运算难度、迭代次数、最优筹集时间上都有明显的优势，能够运用于震灾应急物资筹集决策中。

第7章　震后多 Hub 混合应急物资筹集网络的优化模型

震灾发生后，随着灾情的随机演化和不确定因素的增加，应急决策部门将不可避免要面临复杂情景下的多种优化决策问题，如动态应急物流网络的构建与优化、不确定需求下应急物资的筹集与分配、动态网络下枢纽节点的调整等，解决这些问题大多会面临类似多条件约束情形，如需求的不确定、应急物资筹集任务完成时间模糊、枢纽节点的容量限制、救灾点的物资分配等。其中，基于轴辐网络环境下的震灾应急物资筹集问题是灾害初期阶段需要重点解决的一类问题，也是应急物流领域持续研究的热点问题。目前，在这类问题研究中，国内外学者已积累了一些具有较强实践价值的学术成果。一是对物流网络流进行研究，如 Fiedrich 等用大量算法对物流网络中流的随机性进行了研究[98]。二是对物流网络的节点分布、节线分配问题进行研究，如 Chomolier 等研究了物流设施的选址和物流网络结构设计中的集中与分散的优化决策问题[99]；张毅根据轴辐式网络结构特征，在考虑物流网络规划区域的行政区划、道路交通、地理环境、经济发展等客观条件基础上，对所有确定的站点，按站点功能、容量、运输条件、集散能力等指标进行综合评估后确定枢纽站点和其余站点的隶属分配关系[86]；潘坤友等以物流网络覆盖范围最大、网络运行时间最短为决策目标，构建了安徽沿江中心城镇的轴辐式物流网络结构[85]；葛春景依据震灾的需求特点，考虑轴辐式网络的绕道缺点问题，构建带有绕道约束的单分配轴辐式网络枢纽节点的最优选择模型[87]。三是对物流网络结构进行优化研究，如 Tang 考虑产品消费、产品制造和物流运输等影响物流网络成本和网络运行的多种活动，构建了用于物流网络优化的多目标规划模型[81]。四是对区域之间应急资源的联动方式和城际多 Hub 应急物流网络的协同性问题进行研究，如葛春景等研究了轴辐式网络中多 Hub 应急物资的联动性[89]。

由以上代表性成果可知，大多学者集中于常规物流网络的研究，一些学者尝试将轴辐理论引入应急物流网络的构建中，并结合应急情景对网络进行动态优化，尤其是深入研究应急物流网络在复杂不确定条件下的网络结构、流量分配及各应急主体的协同问题，但在这些不确定性约束条件中，大多成果假定需求为确定信息、筹集时间为已知，这与震灾初期实际情形不一致，这为本书研究提供了求解问题的突破口。目前，将轴辐理论运用于应急物资筹集网络中的成果很少，尤其针对应急初期阶段，研究枢纽节点为多 Hub、需求信息为模糊数情形下轴辐式应急物资筹集网络结构的优化和筹集方案决策显得十分必要。本书与现有研究的不同点在于探讨多 Hub 应急物资筹集网络在需求为模糊数、无筹集限制期约束和每个应急物资集散中心(Hub 节点)带容量限制时的应急物资筹集网络优化与筹集决策问题。

7.1　问题描述与假设

设应急物资集散中心集合为 $H_p = \{p|p=1,2,\cdots,l\}$ ，$\forall p \in l$ 且 $p > 1$ ；应急物资提供站点集合为 $A_i = \{i|i=1,2,\cdots,n\}$ ，$\forall i \in n$ ；应急物资需求点集合为 $D_j = \{j|j=1,2,\cdots,m\}$ ，$\forall j \in m$ ；应急物资需求点 D_j 的需求量为模糊数，应急物资集散中心 H_p 的容量之和满足任何周期应急物资需求总量的集散和转运要求，$A_i \to H_p$、$A_i \to D_j$ 和 $H_p \to D_j$ 的运输时间、中转时间和节线距离已知，各节点之间的单位距离筹集成本、应急物资集散中心的单位应急物资中转成本以及在每一筹集周期初期应急物资集散中心的外生应急物资量已知。在无筹集期间限制和单个应急物资集散中心受容量限制条件下，需对如下问题做出决策：①在纯 Hub 模式下，确定应急物资提供站点的枢纽分配方式和应急物资集散中心的覆盖范围；②在混合应急物资筹集网络结构下，优化应急物资筹集网络结构；③在满足不同应急物资需求约束水平 λ 时，确定最优应急物资提供站点响应数量和筹集数量的分配。决策目标：筹集时间最短、应急物资筹集成本最优。

假设 1：A_i 之间在任何筹集周期无流量交换且相对独立，H_p 之间无流量交换、无直接路径连接，且应急物资集散中心只对应急物资需求点运输应急物资。

假设 2：各个站点无车辆运输能力约束，且不考虑车辆数量限制，每个筹集周期的应急物资为一次性筹集。

假设 3：存在灾区交通通行能力不足、灾区秩序混乱和分配不均的可能，应急指挥中心的指挥和协调能力较弱，不考虑纯直送模式的应急物资筹集网络结构。

假设 4：考虑多种应急物资的筹集，应急物资需求点 D_j 在同一筹集周期的模糊需求数不变。

假设 5：应急物资提供站点 A_i 的节线分配具复合性，既可单一分配，也可多重分配。

7.1.1　符号说明

模型参数说明如下。

$S = \{\text{cap}H_1, \text{cap}H_2, \cdots, \text{cap}H_p\}$：应急物资筹集中心 H_p 的容量集合。

$B = \{(v_1,u_1),(v_2,u_2),\cdots,(v_i,u_p)\}$：第 i 个应急物资提供站点到第 p 个应急物资集散中心的节线集合。

$F = \{(v_1,u_1),(v_2,u_2),\cdots,(v_p,u_j)\}$：第 p 个应急物资集散中心到第 j 个应急物资需求点的节线集合。

$Z = \{(v_1,u_1),(v_2,u_2),\cdots,(v_i,u_j)\}$：第 i 个应急物资提供站点到第 j 个应急物资需求点的节线集合。

$K = \{k|k=1,2,\cdots,g\}$：k 种应急物资的集合。

q_{eki}：周期 e 应急物资提供站点 A_i 能提供 k 种应急物资的量。

q_{ekip}：周期 e 应急物资提供站点 A_i 向应急物资集散中心 H_p 提供 k 种应急物资的量。

q_{ekpj}：周期 e 应急物资集散中心 H_p 向应急物资需求点 D_j 提供 k 种应急物资的量。

q_{ekh}：周期 e 应急物资集散中心 H_p 外生 k 种应急物资的筹集量。

$\tilde{D}_{kj}(e)$：第 j 个应急物资需求点在周期 e 对 k 种应急物资的模糊需求量，本书用三角模糊数 $(a_{ekj}, b_{ekj}, c_{ekj})$ 来描述应急物资的模糊需求，a_{ekj}、b_{ekj}、c_{ekj} 分别为周期 e 第 j 个应急物资需求点对 k 种应急物资的悲观估计值、正常值估计值和乐观估计值。

t_{kij}：第 i 个应急物资提供站点筹集 k 种应急物资到第 j 个应急物资需求点的筹集时间。

t_{kip}：第 i 个应急物资提供站点筹集 k 种应急物资到第 p 个应急物资集散中心的筹集时间。

t_{kpj}：第 p 个应急物资集散中心筹集 k 种应急物资到第 j 个应急物资需求点的筹集时间。

t_{kh}：第 p 个应急物资集散中心滞留 k 种应急物资的时间，滞留时间 t_{kh} 包括应急物资装卸、分类、搬运和包装等时间。

c_{ckj}：直送模式下周期 e 从第 i 个应急物资提供站点筹集单位 k 种应急物资到第 j 应急物资需求点的单位时间成本，包括设备设施折旧成本、管理费用、运输成本和人力成本等。

c_{ekip}：Hub 模式下周期 e 从第 i 个应急物资提供站点筹集单位 k 种应急物资到第 p 个应急物资集散中心的单位时间成本。

c_{ekh}：Hub 模式下周期 e 单位 k 种应急物资在第 p 个应急物资集散中心滞留的单位时间成本，包括装卸费用、包装成本、储存费用和人力成本等。

c_{ekpj}：Hub 模式下周期 e 从第 p 个应急物资集散中心筹集单位 k 种应急物资到第 j 个应急物资需求点的单位时间成本。

u_{ei}：满足应急物资需求约束水平下，第 i 个应急物资提供站点在第 e 筹集周期参与筹集响应为 1，否则为 0。

z_{ep}：满足应急物资需求约束水平下，第 p 个应急物资集散中心参与筹集响应为 1，否则为 0。

7.1.2　模型构建

建立震灾应急物资筹集初期阶段带有需求为模糊数、无筹集限制期的 Multi-hub 应急物资筹集优化决策模型：

$$\min T = \sum_{i=1}^{n}\sum_{j=1}^{m} t_{kij} \cdot u_{ei} + \sum_{i=1}^{n}\sum_{p=1}^{l} t_{kip} \cdot u_{ei} + \sum_{p=1}^{l} t_{kh} + \sum_{p=1}^{l}\sum_{j=1}^{m} t_{kpj} \cdot z_{ep} \tag{7-1}$$

$$\min C = \sum_{k=1}^{g}\sum_{i=1}^{n}\sum_{j=1}^{m} t_{kij} c_{ekij} \cdot u_{ei} + \sum_{k=1}^{g}\sum_{i=1}^{n}\sum_{p=1}^{l} t_{kip} c_{ekip} \cdot u_{ei} + \sum_{k=1}^{g}\sum_{i=1}^{n}\sum_{p=1}^{l} c_{ekip}(q_{ekip} + q_{ekh}) \cdot z_{ep}$$
$$+ \sum_{k=1}^{g}\sum_{p=1}^{l}\sum_{j=1}^{m} t_{kpj} c_{ekpj} \tag{7-2}$$

$$\text{s.t.} \sum_{i=1}^{n} q_{ekij} + \sum_{i=1}^{n} q_{ekip} + \sum_{p=1}^{l} q_{ekh} \geqslant \sum_{j=1}^{m} \tilde{D}_{kj}(e) \quad (\forall i \in n, \forall p \in l, \forall j \in m, \forall k \in g) \tag{7-3}$$

$$\sum_{i=1}^{n} q_{eki} \geqslant \sum_{j=1}^{m} \tilde{D}_{kj}(e) \quad (\forall i \in n, \forall j \in m) \tag{7-4}$$

$$\sum_{i=1}^{n} q_{ekih} \cdot u_{ei} + \sum_{p=1}^{l} q_{ekh} \leqslant \sum_{p=1}^{l} q_{ekpj} \quad (\forall i \in n, \forall p \in l) \tag{7-5}$$

$$\sum_{i=1}^{n} q_{ekip} \leqslant \sum_{i=1}^{n} q_{eki} \quad (\forall i \in n) \tag{7-6}$$

$$\sum_{p=1}^{l} \text{cap} H_p \geqslant \sum_{i=1}^{n} q_{ekip} + \sum_{p=1}^{l} q_{ekh} \quad (\forall i \in n, \forall p \in l) \tag{7-7}$$

$$\sum_{p=1}^{l} \text{cap} H_p \geqslant \sum_{j=1}^{m} \tilde{D}_{kj}(e) \quad (\forall p \in l, \forall j \in m) \tag{7-8}$$

$$\sum_{p=1}^{l} q_{ekpj} = \sum_{j=1}^{m} \tilde{D}_{kj}(e) \quad (\forall p \in l, \forall j \in m) \tag{7-9}$$

$$\sum_{p=1}^{l} q_{ekh} < \sum_{j=1}^{m} \tilde{D}_{kj}(e) \quad (\forall p \in l, \forall j \in m) \tag{7-10}$$

$$\sum_{i=1}^{n} q_{eki} = \sum_{i=1}^{n} q_{ekij} \cdot u_{ei} + \sum_{i=1}^{n} q_{ekip} \cdot u_{ei} \quad (\forall i \in n) \tag{7-11}$$

$$l \geqslant \sum_{p=1}^{l} z_{ep} \geqslant 2 \quad (\forall p \in l) \tag{7-12}$$

$$u_{ei} \in \{0,1\}, z_{ep} \in \{0,1\} \quad (\forall i \in n, \forall p \in l) \tag{7-13}$$

$$\sum_{i=1}^{n} q_{ekij} > 0, \sum_{i=1}^{n} q_{ekip} > 0 \tag{7-14}$$

$$p \in Z^+ \text{且} l \geqslant p \geqslant 2 \tag{7-15}$$

模型中,式 (7-1) 由四部分组成: $\sum_{i=1}^{n} \sum_{j=1}^{m} t_{kij} \cdot u_{ei}$ 为直送模式中参与筹集响应站点筹集 k 种应急物资到应急物资需求点的筹集总时间; $\sum_{i=1}^{n} \sum_{p=1}^{l} t_{kip} \cdot u_{ei}$ 为 Hub 模式中参与筹集响应站点提供 k 种应急物资到应急物资集散中心的筹集总时间; $\sum_{p=1}^{l} t_{kh}$ 为 k 种应急物资在应急物资集散中心滞留时间; $\sum_{p=1}^{l} \sum_{j=1}^{m} t_{kpj} \cdot z_{ep}$ 为 Hub 模式中参与筹集响应的应急物资集散中心筹集 k 种应急物资到应急物资需求点的筹集总时间。式 (7-2) 由四部分组成: $\sum_{k=1}^{g} \sum_{i=1}^{n} \sum_{j=1}^{m} t_{kij} c_{ekij} \cdot u_{ei}$ 为直送模式下应急物资筹集总成本; $\sum_{k=1}^{g} \sum_{i=1}^{n} \sum_{p=1}^{l} t_{kip} c_{ekip} \cdot u_{ei}$ 为 Hub 模式中从应急物资提供站点筹集应急物资到应急物资集散中心的筹集总成本; $\sum_{k=1}^{g} \sum_{i=1}^{n} \sum_{p=1}^{l} c_{ekip}(q_{ekip} + q_{ekh}) \cdot z_{ep}$ 为 Hub 模式

中 k 种应急物资在应急物资集散中心的滞留总成本；$\sum_{k=1}^{g}\sum_{p=1}^{l}\sum_{j=1}^{m}t_{kpj}c_{ekpj}$ 为 k 种应急物资从应急物资集散中心筹集到应急物资需求点的总成本。

式(7-3)表示应急物资筹集总量不小于应急物资需求量；式(7-4)表示应急物资提供站点能提供的应急物资总量不小于应急物资需求量；式(7-5)表示 Hub 模式中从应急物资提供站点筹集到应急物资集散中心的量与应急物资集散中心的外生筹集量之和不超过从应急物资集散中心筹集到应急物资需求点的总量；式(7 6)表示筹集到应急物资集散中心的量不能超过应急物资提供站点所能提供的量；式(7-7)表示参与筹集响应的应急物资集散中心的总容量不小于从应急物资提供站点筹集到应急物资集散中心的量与应急物资集散中心外生筹集量之和；式(7-8)表示应急物资集散中心的总容量不小于应急物资总需求量；式(7-9)表示从应急物资集散中心筹集到应急物资需求点的总量等于应急物资总需求量；式(7-10)是确保有应急物资提供站点分配给应急物资集散中心，表示应急物资集散中心的外生筹集量小于应急物资需求量；式(7-11)为应急物资流量守恒约束式；式(7-12)为多 Hub 约束式，保障有多个应急物资集散中心参与筹集响应；式(7-13)为 0-1 决策变量；式(7-14)表示非负约束条件；式(7-15)为参与应急物资筹集响应的应急物资集散中心数目约束式。

7.1.3 需求模糊数处理

在 7.1.2 节优化模型的约束式中，应急物资需求为模糊数，无法直接计算，需对模糊数进行处理。就应急物资需求为模糊区间而言，本书用模糊数来描述应急物资需求量，是因为相比模糊区间数而言，模糊数是在占有更多信息基础上提出的更能描述应急物资需求量估计值的悲观、正常和乐观情形，模糊情形已进一步清晰。在处理模糊约束上，本书在采用常用的三角模糊处理方法基础上，综合决策者的风险偏好和给定的应急物资需求约束置信度水平 a，$a \in [0,1]$。将 Lee 证明的模糊等式清晰化定理运用于三角模糊数处理方法中，使模糊约束处理更为直观、合理[80,100,101]。

记优化模型约束式中的模糊需求数 $\tilde{D}_{kj}(e) = (a_{ekj}, b_{ekj}, c_{ekj})$，其中 a_{ekj}、b_{ekj} 和 c_{ekj} 为实数，且 $a_{ekj} \leqslant b_{ekj} \leqslant c_{ekj}$，其模糊隶属度为

$$u_{\tilde{D}_{kj}(e)}(x) = \begin{cases} (x - a_{ekj})/(b_{ekj} - a_{ekj}), & a_{ekj} \leqslant x \leqslant b_{ekj} \\ (c_{ekj} - x)/(c_{ekj} - b_{ekj}), & b_{ekj} \leqslant x \leqslant c_{ekj} \end{cases} \tag{7-16}$$

定理 1[102-104] 一个系统模糊的等式约束条件 $\sum_{j}\tilde{a}_j x_j = \tilde{b}$，等价于两个非模糊不等式约束条件：

$$\begin{cases} \sum_{j}(\tilde{a}_j)_a^L x_j \leqslant (\tilde{b})_a^R \\ \sum_{j}(\tilde{a}_j)_a^R x_j \geqslant (\tilde{b})_a^L \end{cases} \tag{7-17}$$

式中，$(\tilde{a}_j)_a^L$ 为模糊数 $\tilde{a}_j$ 的 a 截集的左边界，$(\tilde{a}_j)_a^R$ 为模糊数 $\tilde{a}_j$ 的 a 截集的右边界，$(\tilde{b})_a^R$ 为

模糊数 $\tilde{b}$ 的 a 截集的右边界，$(\tilde{b})_a^L$ 为模糊数 $\tilde{b}$ 的 a 截集的左边界。

进一步依照 Lee(1996) 的证明，应急物资需求模糊数 $\tilde{D}_{kj}(e)$ 可用下列等式清晰化：

$$\left[\tilde{D}_{kj}(e)\right]_a^L = a_{ekj} + a \times (b_{ekj} - a_{ekj}) \tag{7-18}$$

$$\left[\tilde{D}_{kj}(e)\right]_a^R = c_{ekj} + a \times (c_{ekj} - b_{ekj}) \tag{7-19}$$

由定理 1，优化模型中的约束式(7-3)、式(7-4)、式(7-8)、式(7-9)、式(7-10)的模糊约束不等式可用下列非模糊不等式替换：

$$\sum_{i=1}^n q_{ekij} + \sum_{i=1}^n q_{ekip} + \sum_{p=1}^l q_{ekh} \geqslant \sum_{j=1}^m \left[\tilde{D}_{kj}(e)\right]_a^L = \sum_{j=1}^m \left[a_{ekj} + a \times (b_{ekj} - a_{ekj})\right] \quad (\forall i \in n, \forall p \in l, \forall j \in m, \forall k \in g)$$
$$\tag{7-20}$$

$$\sum_{i=1}^m q_{ekj} \geqslant \sum_{j=1}^m \left[\tilde{D}_{kj}(e)\right]_a^L = \sum_{j=1}^m \left[a_{ekj} + a \times (b_{ekj} - a_{ekj})\right] \quad (\forall i \in n, \forall j \in m) \tag{7-21}$$

$$\sum_{p=1}^l \mathrm{cap}H_p \geqslant \sum_{j=1}^m \left[\tilde{D}_{kj}(e)\right]_a^L = \sum_{j=1}^m \left[a_{ekj} + a \times (b_{ekj} - a_{ekj})\right] \quad (\forall p \in l, \forall j \in m) \tag{7-22}$$

$$\sum_{p=1}^l q_{ekpj} \leqslant \sum_{j=1}^m \left[\tilde{D}_{kj}(e)\right]_a^R = \sum_{j=1}^m \left[c_{ekj} + a \times (c_{ekj} - b_{ekj})\right] \quad (\forall p \in l, \forall j \in m) \tag{7-23}$$

$$\sum_{p=1}^l q_{ekpj} \geqslant \sum_{j=1}^m \left[\tilde{D}_{kj}(e)\right]_a^L = \sum_{j=1}^m \left[a_{ekj} + a \times (b_{ekj} - a_{ekj})\right] \quad (\forall p \in l, \forall j \in m) \tag{7-24}$$

$$\sum_{p=i}^l q_{ekh} < \sum_{j=1}^m \left[\tilde{D}_{kj}(e)\right]_a^R = \sum_{j=1}^m \left[c_{ekj} + a \times (c_{ekj} - b_{ekj})\right] \quad (\forall p \in l, \forall j \in m) \tag{7-25}$$

7.2　算 法 设 计

震灾应急初期，往往会因为灾区交通通行能力和指挥协调能力限制出现追求时间快速与筹集成本大幅度增加之间的矛盾[105-107]，主要表现在应急物资筹集网络结构选择上，一方面采用直送模式能缩短节点之间的筹集时间，但容易造成交通拥堵、应急物资提供不均衡和现场混乱的局面；另一方面采用 Hub 模式能按灾区需求提高灾区应急物资配给量、降低交通拥堵风险、减少现场混乱、减少筹集成本和提高分配满意度，但会因为节点之间的转运而延迟筹集时间。故在震灾应急初期需依据灾区即时情景，动态采用适宜的应急物资筹集网络结构，促使应急物资筹集的时间、成本等指标最优化。因此，本书对优化模型的算法设计分为 Hub 模式下算法和混合模式下算法两种情形。

1. Hub 模式下算法设计

为使算法简单易行，减少计算的复杂度，针对救援初期节点数量较少特点，本书采用逐次枚举法求解无筹集限制期、需求为模糊数的多 Multi-hub 应急物资筹集模型。

首先，将优化模型式(7-1)～式(7-15)经过模糊参数处理后，转换为 Hub 模式下的单目标优化模型：

$$\min T = \sum_{i=1}^{n}\sum_{p=1}^{l} t_{kip} \cdot u_{ei} + \sum_{p=1}^{l} t_{kh} + \sum_{p=1}^{l}\sum_{j=1}^{m} t_{kpj} \cdot z_{ep} \tag{7-26}$$

$$\text{s.t.}\sum_{i=1}^{n} q_{ekip} + \sum_{p=1}^{l} q_{ekh} \geqslant \sum_{j=1}^{m}\left[a_{ekj} + a \times (b_{ekj} - a_{ekj}) \right] \quad (\forall i \in n, \forall p \in l) \tag{7-27}$$

$$\sum_{i=1}^{n} q_{eki} \geqslant \sum_{j=1}^{m}\left[a_{ekj} + a \times (b_{ekj} - a_{ekj}) \right] \quad (\forall i \in n) \tag{7-28}$$

$$\sum_{p=1}^{l} q_{ekpj} \leqslant \sum_{j=1}^{m}\left[c_{ekj} + u \times (c_{ekj} - b_{ekj}) \right] \quad (\forall p \in l, \forall j \in m) \tag{7-29}$$

$$\sum_{p=1}^{l} q_{ekpj} \geqslant \sum_{j=1}^{m}\left[a_{ekj} + a \times (b_{ekj} - a_{ekj}) \right] \quad (\forall p \in l, \forall j \in m) \tag{7-30}$$

$$\sum_{i=1}^{n} q_{ekip} \leqslant \sum_{i=1}^{n} q_{eki} \quad (\forall i \in n) \tag{7-31}$$

$$\sum_{p=1}^{l} \text{cap}H_p \geqslant \sum_{j=1}^{m}\left[\tilde{D}_{kj}(e)\right]_a^L = \sum_{j=1}^{m}\left[a_{ekj} + a \times (b_{ekj} - a_{ekj}) \right] \quad (\forall p \in l, \forall j \in m) \tag{7-32}$$

$$l \geqslant \sum_{p=1}^{l} z_{ep} \geqslant 2 \quad (\forall p \in l) \tag{7-33}$$

$$u_{ei} \in \{0,1\}, z_{ep} \in \{0,1\} \quad (\forall i \in n, \forall p \in l) \tag{7-34}$$

其次，分两阶段对模型求解。

(1)第一阶段：给定需求约束水平 a，用逐次枚举法将应急物资需求点分配给每个带容量限制的应急物资集散中心。

设第 j 个应急物资需求点到第 p 个应急物资集散中心的运输时间矩阵为

$$\boldsymbol{T} = \begin{bmatrix} t_{11} & t_{21} & \cdots & t_{j1} \\ t_{12} & t_{22} & \cdots & t_{j2} \\ \vdots & \vdots & & \vdots \\ t_{1p} & t_{2p} & \cdots & t_{jp} \end{bmatrix} \tag{7-35}$$

式中，$\forall j \in m, \forall p \in l$。

将每个应急物资需求点 D_j 的运输时间向量 $\boldsymbol{\eta} = (t_{1p}, t_{2p}, \cdots, t_{jp})$ 按升序重新排列形成新的向量 $\boldsymbol{\mu}^* = (t_{1p}^*, t_{2p}^*, \cdots, t_{jp}^*)$。

第 1 步：将每个应急物资需求点 D_j 按到应急物资集散中心运输时间最短原则依次分配给相应的应急物资集散中心(Hub 点)，得到初始节线弧集：

$$N_0 = \left\{ (v_1^0, u_1^0), (v_2^0, u_2^0), \cdots, (v_j^0, u_p^0) \right\} \quad (\forall j \in m, \forall p \in l) \tag{7-36}$$

应急物资集散中心的初始转运方案为

$$W_0 = \left\{ \left(\sum_{k=1}^{g} x_{h_1 \to d_1}^{k_g}, \sum_{k=1}^{g} x_{h_2 \to d_1}^{k_g}, \cdots, \sum_{k=1}^{g} x_{h_p \to d_1}^{k_g}, \right), \left(\sum_{k=1}^{g} x_{h_1 \to d_2}^{k_g}, \sum_{k=1}^{g} x_{h_2 \to d_2}^{k_g}, \cdots, \sum_{k=1}^{g} x_{h_p \to d_2}^{k_g} \right), \cdots, \right.$$
$$\left. \left(\sum_{k=1}^{g} x_{h_1 \to d_j}^{k_g}, \sum_{k=1}^{g} x_{h_2 \to d_j}^{k_g}, \cdots, \sum_{k=1}^{g} x_{h_p \to d_j}^{k_g} \right) \right\} \tag{7-37}$$

式中，$\forall j \in m, \forall p \in l, \forall k \in g$。

第 2 步：逐个考察应急物资集散中心的容量约束，令 $i=i+1$，若有应急物资集散中心的容量 $\mathrm{cap}H_p$ 在每个筹集周期 e 内能满足所辖应急物资需求点的需求量总和 $\sum\limits_{k=1}^{g}\sum\limits_{j=1}^{m}\tilde{D}_{kj}(e)$ 时，即有 $\mathrm{cap}H_p \geqslant \sum\limits_{k=1}^{g}\sum\limits_{j=1}^{m}\tilde{D}_{kj}(e)$ 时，保持初始节线和转运方案不变，转入第 3 步；令 $i=i+2$，搜寻下一个满足容量条件的应急物资集散中心，若有 $\mathrm{cap}H_p < \sum\limits_{k=1}^{g}\sum\limits_{j=1}^{m}\tilde{D}_{kj}(e)$ 时，将超过容量的应急物资量分配给下一个到该应急物资需求点运输时间最短的应急物资集散中心，若有 $\mathrm{cap}H_p \geqslant \sum\limits_{k=1}^{g}\sum\limits_{j=1}^{m}\tilde{D}_{kj}(e)$，则调整初始节线和初始转运方案，停止搜索，转入第 3 步，若仍然出现 $\mathrm{cap}H_p < \sum\limits_{k=1}^{g}\sum\limits_{j=1}^{m}\tilde{D}_{kj}(e)$ 时，令 $i=i+3$，继续考察下一个到该应急物资需求点运输时间最短的应急物资集散中心，直到所有应急物资集散中心满足条件 $\mathrm{cap}H_p \geqslant \sum\limits_{k=1}^{g}\sum\limits_{j=1}^{m}\tilde{D}_{kj}(e)$。

第 3 步：经过 $i=i+1$ 次搜索，所有应急物资集散中心满足条件 $\mathrm{cap}H_p \geqslant \sum\limits_{k=1}^{g}\sum\limits_{j=1}^{m}\tilde{D}_{kj}(e)$ 时，结束逐次枚举，输出最优方案 N^*、W^*，得到第一阶段最优方案。

（2）第二阶段：确定参加筹集响应的应急物资提供站点，并将应急物资提供站点分配给应急物资集散中心，即 Hub 点。

设在每个筹集周期 e 都有应急物资提供站点 A_l 的应急物资提供量 $\sum\limits_{k=1}^{g}\sum\limits_{i=1}^{l}q_{eki}$ 与应急物资集散中心 H_p 的外生筹集量 $\sum\limits_{k=1}^{g}\sum\limits_{p=1}^{l}q_{ekh}$ 之和大于应急物资需求量 $\sum\limits_{k=1}^{g}\sum\limits_{j=1}^{m}\tilde{D}_{kj}(e)$ 或当应急物资集散中心 H_p 在每个筹集周期 e，外生筹集量为 0 时，有应急物资提供站点 A_l 的应急物资提供量 $\sum\limits_{k=1}^{g}\sum\limits_{i=1}^{n}q_{eki} \geqslant \sum\limits_{k=1}^{g}\sum\limits_{j=1}^{m}\tilde{D}_{kj}(e)$，也就是满足模糊约束式（7-27）、式（7-28）的条件时，模糊约束式（7-27）、式（7-28）等价于下面确定性不等式：

$$\sum_{i=1}^{n}q_{ekip}+\sum_{p=1}^{l}q_{ekh} \geqslant \sum_{j=1}^{m}\left[c_{ekj}+a\times(c_{ekj}-b_{ekj})\right] \quad (\forall i\in n,\forall p\in l) \tag{7-38}$$

$$\sum_{i=1}^{n}q_{eki} \geqslant \sum_{j=1}^{m}\left[c_{ekj}+a\times(c_{ekj}-b_{ekj})\right] \quad (\forall i\in n) \tag{7-39}$$

用式（7-38）、式（7-39）替换式（7-27）和式（7-28）后，可做如下定义和算法步骤设计。

定义 1[108-111]　给定应急物资需求约束水平 a，如果存在应急物资提供站点序列 $A_1^*,A_2^*,\cdots,A_n^*$ 在 $\omega(\omega\leqslant n)$ 使得 $\sum\limits_{i=1}^{\omega-1}A_n^*+\sum\limits_{p=1}^{l}q_{ekl} \leqslant \sum\limits_{j=1}^{m}\left[c_{ekj}+a\left(c_{ekj}-b_{ekj}\right)\right] \leqslant \sum\limits_{i=1}^{\omega}A_N^*+\sum\limits_{p=1}^{l}q_{eki}$，或 $\sum\limits_{i=1}^{\omega-1}A_n^* \leqslant \sum\limits_{j=1}^{m}\left[c_{ekj}+a(c_{ekj}-b_{ekj})\right] \leqslant \sum\limits_{i=1}^{\omega}A_n^*$ 成立时，则称 ω 为该序列对 $\sum\limits_{j=1}^{m}\left[c_{ekj}+a\left(c_{ekj}-b_{ekj}\right)\right]$ 的临界下标。

给定需求约束水平 a，据定义 1，确定参加筹集响应的应急物资提供站点方案集合，然后求解 Hub 模式下单目标线性规划模型，得到最优节线分配方案和应急物资提供站点向应急物资集散中心的物资筹集量。

第 1 步：当 $\sum\limits_{k=1}^{g}\sum\limits_{p=1}^{l}q_{ekh}=0$ 时，把参与筹集响应的应急物资提供站点的每一个方案，按应急物资提供站点 A_i 到应急物资集散中心 H_p 的应急物资筹集时间，按升序重新排列，计算满足条件的 $\sum\limits_{i=1}^{\omega-1}A_n^* \leqslant \sum\limits_{j=1}^{m}\left[c_{ekj}+a(c_{ekj}-b_{ekj})\right] \leqslant \sum\limits_{i=1}^{\omega}A_n'$ 时的临界值 ω，然后从到达 H_p 最短的应急物资筹集时间所对应的应急物资集散中心开始依次分配 k 种应急物资，分配完毕，将参与该应急物资集散中心分配的应急物资提供站点的供给量予以剔除，再分配给较短筹集时间的应急物资集散中心(若出现应急物资筹集时间相等的情况时，则根据费用考虑先后分配顺序)，如此往复，后继参与筹集响应的应急物资提供站点均将已供给量予以剔除，通过这种分配以保证整个应急筹集时间最短，此时从应急物资提供站点到应急物资集散中心的筹集成本为最优。$\sum\limits_{k=1}^{g}\sum\limits_{p=1}^{l}q_{ekh}\neq 0$ 时，应急物资提供站点需向应急物资集散中心筹集的应急物资量为 $\left[\sum\limits_{j=1}^{m}(c_{ekj}+a(c_{ekj}-b_{ekj}))\right]-\sum\limits_{p=1}^{l}q_{ekh}$，然后再按 $\sum\limits_{k=1}^{g}\sum\limits_{p=1}^{l}q_{ekh}=0$ 情况的类似方法确定应急物资提供站点的分配方式和向应急物资集散中心的筹集量分配。

第 2 步 ：对方案集合中所有方案按第一阶段的原理分配后，选择应急物资筹集时间最短的方案，作为最优筹集物资分配方案(若存在相等方案，则根据筹集成本予以取舍)。

2. 混合模式下算法设计

在灾区道路通行能力和指挥协调能力允许条件下，若需在最短时间筹集到所需应急物资，对部分 Hub 模式中用时较长的筹集路径进行调整，调整为直送筹集路径，更能提高整个应急物资筹集网络的效率。因此，在算法设计上，只需把 Hub 模式中的筹集路径 χ_s^h 所用时间与直送模式下筹集路径 χ_s^d 进行比较即可，若有 $\chi_s^h > \chi_s^d$，直接将对应的 Hub 路径调整为直送路径；若有 $\chi_s^h \leqslant \chi_s^d$，则保持原有路径不变。

算法设计如下。

(1)在给定应急物资需求约束水平 a 下，首先确定全直送模式下参与筹集响应的应急物资提供站点。按照定义 1 中 $\sum\limits_{i=1}^{\omega-1}A_n^* \leqslant \sum\limits_{j=1}^{m}\left[c_{ekj}+a(c_{ekj}-b_{ekj})\right] \leqslant \sum\limits_{i=1}^{\omega}A_n^*$ 条件，求出 $\sum\limits_{j=1}^{m}\left[c_{ekj}+a(c_{ekj}-b_{ekj})\right]$ 的临界下标 ω，并根据最短筹集时间，依次确定参与响应的各个应急物资提供站点 A_i 向所辖应急物资需求点 D_j 提供 k 种应急物资的数量和各个应急物资需求点分配给应急物资提供站点的分配方式[112-117]。

(2)按照上面 Hub 模式下算法设计确定应急物资筹集网络结构和应急物资提供站点的筹集方案。

(3) 设 T_{kij}^h 为混合模式下筹集总时间，T_{kij}^d 为直送模式下的筹集总时间，比较 T_{kij}^h 和 T_{kij}^d [118-123]。

情况①：若 $T_{kij}^d < T_{kij}^h$，记 $T_{ek}^0 = T_{kij}^d$，需改进直送模式下的弧集 $S^d = \left\{ (v_1^d, u_1^d), (v_2^d, u_2^d), \cdots, (v_i^d, u_j^d) \right\}$。对任意弧 $(v_i^d, u_j^d) \in S^d$ 给定初始值 i，在 Hub 模式下对所有参与筹集响应的 $z_{eih}^h = 1$ 的应急物资提供站点 i，按从应急物资提供站点 i 到应急物资需求点 j 的单位平均筹集时间 t_{kij}^h 按升序排列，记为集合 $\chi = \left\{ \chi_s(v_i, u_j) \big| z_{eih}^h = 1 \right\}$，$s = 1, 2, \cdots, m$。

a.令 $s = 1$，计算 $\chi_s(v_i, u_j)$ 分别在直送模式和 Hub 模式下的单位应急物资筹集时间，记为 χ_s^h 和 χ_s^d；

b.比较 χ_s^h 和 χ_s^d，若 $\chi_s^h \geqslant \chi_s^d$，即 $t_{ij}^{dh} \leqslant 0$ [其中，$t_{ij}^{dh} = t_{kij}^d - (t_{kih}^h + t_{khh}^h + t_{khj}^h)$]，保持 $\chi_s(v_i, u_j)$ 为直送模式，转入情况②；若 $\chi_s^h < \chi_s^d$，即 $t_{ij}^{dh} > 0$，说明 $\chi_s(v_i, u_j)$ 从直送模式转换为 Hub 模式能缩短应急物资筹集时间，此时混合筹集网络的总时间为

$$T_{ek}^1 = \sum_{i=1}^n q_{kij}^d t_{kij}^d \cdot u_{eij}^d + \sum_{i=1}^n q_{kih}^h t_{kih}^h \cdot u_{eij}^d + q_{kih}^h t_{khh}^h + \sum_{j=1}^m t_{khj}^h q_{khj}^h$$，同时改变初始弧集，然后转至情况②。

情况②：若 $T_{kij}^d > T_{kij}^h$，记 $T_{ek}^0 = T_{kij}^h$，需改进弧集为 $S^h = \left\{ (v_1^h, u_1^h), (v_2^h, u_2^h), \cdots, (v_i^h, u_j^h) \right\}$。对任意弧 $(v_i^h, u_j^h) \in S^h$ 给定初始值 i，在直送模式下对所有参与筹集响应的 $u_{eij}^d = 1$ 的应急物资提供站点 i，按从应急物资提供站点 i 到应急物资需求点 j 的单位平均筹集时间 t_{kij}^d 按升序排列，记为集合 $\chi = \left\{ \chi_s(v_i, u_j) \big| u_{eij}^h = 1 \right\}$，$s = 1, 2, \cdots, m$。其余处理方式与情况①中的 a 和 b 类似，这里不再赘述。

根据以上算法设计确定混合应急物资筹集网络结构和最优应急物资筹集分配方案，此时的成本为最优应急物资筹集成本。其中，在用逐次枚举法搜索直送模式和 Hub 模式下路径筹集时间过程中，必须保证成对比较的路径的首尾节点相同，如比较直送模式下的 $A_1 \rightarrow D_1$ 路径与 Hub 模式下 $A_1 \rightarrow H_p \rightarrow D_1$ 路径，这样利于保证应急物资筹集量的分配与相应路径相对应，确保结果的正确。

7.3　案例验证

算例数据如表 7-1～表 7-7 所示(数据为某一特定筹集周期 e 的数据，所有数据可通过潜力数据库、应急物资需求预测和专家决策等方式获取)，设拟参与筹集响应的应急物资提供点为 $A_1, A_2, \cdots, A_8$，应急物资提供站点数量为 8 个，其节点集合为 $v = \{v_1, v_2, \cdots, v_8\}$；应急物资需求点为 D_1、D_2、D_3、D_4，数量为 4 个，其节点集合为 $u = \{u_1, u_2, u_3, u_4\}$；应急物资集散中心为 H_1、H_2、H_3，数量为 3 个，其节点集合为 $h = \{h_1, h_2, h_3\}$。在第 e 筹集周期，需紧急筹集 3 种应急物资：饮用水、食品和消毒液。为简化问题，在第 e 筹集周期，给定 3 种应急物资的需求约束水平分别为 $a = 1$。

表 7-1　应急物资提供站点的供给量

站点	A_1	A_2	A_3	A_4	A_5	A_6	A_7	A_8
饮用水(k_1)/t	500	550	610	580	700	620	710	530
食品(k_2)/t	280	260	320	280	360	300	270	330
消毒液(k_3)/kg	420	390	290	410	400	480	370	340

表 7-2　应急物资需求点的模糊需求

	D_1	D_2	D_3	D_4
k_1	(700,800,1000)	(610,710,900)	(620,750,830)	(770,950,1000)
k_2	(320,370,430)	(310,380,450)	(290,330,420)	(400,460,510)
k_3	(480,530,600)	(430,500,580)	(320,400,550)	(530,600,690)

注：括中内数据单位分别为 t、t、kg

表 7-3　直送模式下应急物资平均筹集时间　　　　　　　（单位：h）

	A_1	A_2	A_3	A_4	A_5	A_6	A_7	A_8
D_1	1	2	3	4	3	2	3	2
D_2	2	3	4	5	4	3	2	1
D_3	3	4	5	4	3	2	1	0.5
D_4	4	5	6	6.5	5	4	3	2

表 7-4　Hub 模式下应急物资平均筹集时间　　　　　　　（单位：h）

	A_1	A_2	A_3	A_4	A_5	A_6	A_7	A_8
H_1	0.3	0.7	2.1	1.2	0.5	1.1	1.5	2
H_2	0.5	0.4	0.8	0.6	1	0.9	1.3	1.4
H_3	1	1.5	1.8	2.2	2	1.3	0.5	0.9
	D_1	D_2	D_3	D_4	—	—	—	—
H_1	0.8	0.6	1.5	0.9	—	—	—	—
H_2	1	0.7	2	1.3	—	—	—	—
H_3	2	0.8	1.5	1.4	—	—	—	—

注：为减少计算，设定表 7-4 中各个应急物资集散中心在周期 e 的平均转运时间为 1h

表 7-5　直送模式下单位应急物资的单位筹集时间成本　　（单位：h）

	A_1	A_2	A_3	A_4	A_5	A_6	A_7	A_8
D_1	2	1	3	2	4	6	3	5
D_2	5	2	4	1	3	9	2	3
D_3	5	2	1	3	7	2	2	1
D_4	2	3	2	5	2	1	5	1

表 7-6　Hub 模式下单位应急物资的单位筹集时间成本　　（单位：h）

	A_1	A_2	A_3	A_4	A_5	A_6	A_7	A_8
H_1	2	1	3	2	1.5	3	1	2
H_2	3	2	4	1.5	1	2.1	2	1.4
H_3	0.5	1	0.7	3.2	1.4	1.2	0.7	1.8

	D_1	D_2	D_3	D_4	—	—	—	—
H_1	0.6	0.2	1	0.8	—	—	—	—
H_2	1	0.7	0.9	1.7	—	—	—	—
H_3	0.8	1.2	0.7	1	—	—	—	—

注：单位应急物资在应急物资集散中心的滞留费用设为 0.1 万元

表 7-7　Hub 的容量和初始筹集量

	H_1	H_2	H_3
$\mathrm{cap}H_p$	3100	2700	3400
饮用水 (k_1) /t	40	0	50
食品 (k_2) /t	0	30	8
消毒液 (k_3) /kg	60	0	0

1. Hub 模式下的应急物资筹集优化决策

（1）第一阶段：$a=1$ 时，应急物资需求节点的分配。对模糊需求数进行清晰化处理后，根据算法设计可得表 7-8。

表 7-8　应急物资需求节点的分配

Hub 节点	分配需求 节点	$H_p \to D_j$ 的转运量			筹集时间/h	筹集成本 (包括滞留成本) /元
		k_1	k_2	k_3		
H_1	D_1	1200	490	670	0.8	1368.8
	D_2	0	520	220	0.6	162.8
H_2	D_4	1050	560	1030	1.3	6098.4
H_3	D_2	1090	0	190	0.8	1356.8
	D_3	910	510	700	1.5	2120.1

（2）第二阶段：$a=1$ 时，应急物资提供站点 A_i 的确定及节点的分配，如表 7-9 所示。

表 7-9　应急物资提供站点的分配

Hub 节点	A_i 分配 给 H_p	$A_i \to H_p$ 的筹集量			筹集 时间 /h	筹集 成本 /元
		k_1	k_2	k_3		
H_1	A_1、A_2、 A_5、A_6	$(A_1,500)$、$(A_5,660)$	$(A_1,280)$、$(A_2,260)$ $(A_5,360)$、$(A_6,110)$	$(A_1,420)$、$(A_2,10)$、 $(A_5,400)$	1.1	2337
H_2	A_2、A_3、 A_4	$(A_2,550)$、$(A_4,500)$	$(A_3,250)$、$(A_5,280)$	$(A_2,380)$、$(A_3,240)$、 $(A_4,410)$	0.8	3383
H_3	A_3、A_6、 A_7、A_8	$(A_3,90)$、$(A_6,620)$、 $(A_7,710)$、$(A_8,550)$	$(A_7,270)$、$(A_8,232)$	$(A_6,180)$、$(A_7,370)$、 $(A_8,340)$	1.8	3619

根据第一阶段、第二阶段求解结果，在筹集周期 e，筹集 3 种应急物资的最短筹集时间应是最优路径中的最大筹集时间，路径 $A_3 \to H_3 \to D_3$ 的筹集时间最大，为 4.3h，应急物资筹集总成本为 20445.9 元。

优化后的应急物资筹集网络结构，如图 7-1 所示。

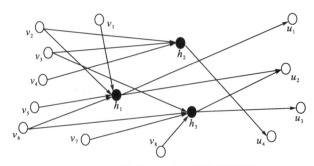

图 7-1　Hub 模式下的应急物资筹集网络

2. 混合模式下应急物资筹集优化决策

逐次比较 χ_s^h 和 χ_s^d，并对 $\chi_s^h > \chi_s^d$ 对应的筹集路径进行调整，其计算机搜索性能图和混合模式下的路径优化，如图 7-2 和表 7-10 所示。

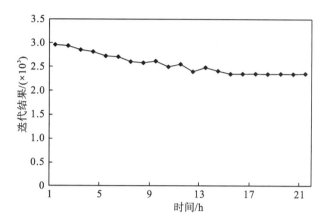

图 7-2　逐次枚举法搜索性能图

表 7-10　混合模式下的路径优化

Hub 下路径	χ_s^h 与 χ_s^d 比较	Hub 路径是否转换	优化路径	优化后筹集时间/h
$v_1 \to h_1 \to u_1$	$\chi_s^h > \chi_s^d$	√	$v_1 \to u_1$	1
$v_1 \to h_1 \to u_2$	$\chi_s^h < \chi_s^d$	×	$v_1 \to h_1 \to u_2$	1.9
$v_6 \to h_1 \to u_2$	$\chi_s^h < \chi_s^d$	×	$v_6 \to h_1 \to u_2$	3
$v_7 \to h_3 \to u_2$	$\chi_s^h > \chi_s^d$	√	$v_7 \to u_2$	2
$v_8 \to h_3 \to u_3$	$\chi_s^h > \chi_s^d$	√	$v_8 \to u_3$	0.5
$v_2 \to h_2 \to u_4$	$\chi_s^h < \chi_s^d$	×	$v_2 \to h_2 \to u_4$	2
$v_2 \to h_2 \to u_2$	$\chi_s^h < \chi_s^d$	×	$v_2 \to h_2 \to u_2$	3.1
$v_3 \to h_2 \to u_4$	$\chi_s^h < \chi_s^d$	×	$v_3 \to h_2 \to u_4$	3.4
$v_3 \to h_3 \to u_2$	$\chi_s^h < \chi_s^d$	×	$v_3 \to h_3 \to u_2$	4.3
$v_3 \to h_3 \to u_3$	$\chi_s^h < \chi_s^d$	×	$v_3 \to h_3 \to u_3$	2.9
$v_4 \to h_2 \to u_4$	$\chi_s^h < \chi_s^d$	×	$v_4 \to h_2 \to u_4$	2.3
$v_5 \to h_1 \to u_1$	$\chi_s^h < \chi_s^d$	×	$v_5 \to h_1 \to u_1$	2.1
$v_5 \to h_1 \to u_2$	$\chi_s^h < \chi_s^d$	×	$v_5 \to h_1 \to u_2$	2

注："√"表示需将 Hub 路径转化为直送模式路径，"×"表示保持原 Hub 模式下路径不变

决策结果如下。

①据表 7-10，最短应急物资筹集时间为路径 $v_3 \rightarrow h_3 \rightarrow u_2$ 所用时间 4.3h，尽管与 Hub 模式下路径的最大筹集时间相同，但各个路径筹集时间的总和减少，使部分路径筹集时间缩短，提高了整体筹集效率，Hub 模式下各个路径筹集时间之和为 18.9h，混合模式下应急物资筹集网络各个路径筹集时间之和为 15.5h，相比 Hub 模式下，节约总时间为 3.4h，节省率为 17.99%。

②混合模式下的应急物资筹集量提供方案是将 Hub 模式下从应急物资揭供站点提供应急物资到应急物资集散中心的量剔除，改由同一应急物资提供站点按直送需求点提供应急物资。

③无限制期约束下，混合筹集网络的最优筹集成本为总筹集时间最短时的成本，为 23020.9 元，比纯 Hub 模式下多 2575 元，成本增长 12.59%。这表明：在震灾应急初期，采用混合模式能够有效缩短应急物资筹集时间，但不能实现成本的最低，这在震灾紧急救援阶段是十分必要的。通过案例验证表明，在混合模式下，当应急物资筹集时间实现最短后，此时的应急物资筹集成本是最优的。

根据表 7-10，可构建出混合模式下的应急物资筹集网络结构(图 7-3)。

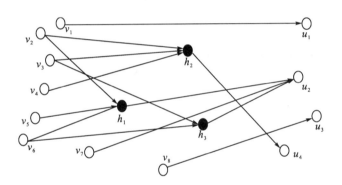

图 7-3　混合模式下的应急物资筹集网络结构

为检验算法的有效性，本书采用 SA 智能优化算法，对本书问题进行求解。设定初始温度为 1500 度，下降比例为 0.95，温度低于 10 度时采用等步长下降法，步长为 1，同一温度迭代次数为 35 次，目标函数在 6 次迭代无变化时终止算法，输出结果与逐次枚举算法一致，表明本书算法有效、可行。

7.4　结　　论

震灾应急物资筹集网络具有动态随机性，解决多枢纽轴辐式应急物资筹集网络的优化是应急管理中的一类重大决策问题。相比以往研究成果，本书以震灾初期的一类应急情景为背景，同时考虑需求为模糊数、单个枢纽节点受容量限制、在筹集时间无明显限制时，通过对混合应急物资筹集网络结构的优化、应急物资分配和枢纽节点覆盖范围的决策，实现应急物资筹集时间最短和成本最优的双目标优化决策问题。在研究内容上，首先根据多约束条件和优化目标要求，构建具有混合轴辐模式的双目标数学规划模型；其次，设计逐次枚举的优化算法分别从直送模式、纯 Hub 模式两类网络结构比较筹集时间和筹集成本，并根据比较结果构建具有混合模式的应急物资筹集网络，实现既定目标的优化；最后，案例验证结果表明，本书构建的混合轴辐式应急物资筹集网络相比于直送模式、纯 Hub 模式在成本上虽然不具有优势，但能够有效降低应急物资筹集时间，这在震灾初期紧急救援阶段尤为关键和必要，而且采用逐次枚举算法显得十分简单和有效，具有较好的推广意义。

第三部分

应急响应终止决策方法

第8章　应急物流终止决策的集对分析方法

　　应急物流终止是应急物流管理从紧急状态转变为平时状态的分界点,是灾后展开恢复重建工作的依据,也是降低灾害损失、提高应急效率和科学预测应急物资筹集量的重要影响因素。目前,我国有较完善的应急响应机制和各类救灾制度,这为推动我国防灾减灾能力、提高应急管理水平起重要保障作用。在应急响应机制上,如《国家自然灾害应急预案》就明确规定了不同灾害响应级别的启动条件、启动程序、响应措施及响应终止程序。其中,响应终止只规定了建议机构和终止决定机构,未就不同响应级别的终止条件进行界定,这就使得在判断应急物流终止时缺乏指导性依据。目前,在灾害应急实践中往往有明确的应急响应指令,却很少有响应终止时间的发布[124],而且对应急响应终止时间的选择更多是依赖经验,这无疑增加了应急响应终止决策的风险,也增加了次生灾害发生的可能性,如2008年初,在南方的雨雪冰冻灾害紧急救援过程中,湖南由于没有及时发布应急响应终止指令,在应急响应已经结束情况下仍有部分救援人员滞留在灾区,结果造成较大损失[125]。因此,研究应急响应终止问题对提高灾害救援效率、降低救灾成本具有重要意义。

　　在应急响应终止决策中,关键的问题是研究应急物流终止的决策问题。实际上,灾害应急的整个过程,本质上就是应急物流的响应过程,也就是通过应急物流的快速、高效来实现应急物资的有效筹集、调运和分配等,以满足灾区各类应急物资的需求。鉴于此,本书以应急物流终止的决策问题为研究对象,研究灾害应急物流终止的决策指标及决策方法。与本书研究内容相关的文献主要集中于以下方面。①对灾害形成的影响因素的研究,如史培军[126]从灾害系统理论角度认为灾情是致灾因子、孕灾环境及承灾体相互作用的结果。②对灾害链的研究,如尹卫霞[127]认为灾害链危害程序取决于致灾因子的强度、孕灾环境特征及承灾体的性质,并以"5·12"汶川地震和"3·12"福岛地震为例归纳出两次地震的复杂的灾害链;余世舟等[128]以灾害链理论为依据,通过分析地震灾害链主要影响因素,构建了地震灾害链物流模型;王春振等[129]以"5·12"汶川地震为研究背景,从地震灾害链、洪涝灾害链及疫情灾害链等角度,研究了灾害链孕育和成灾过程;Kristin 等[130]通过对全球以地震、滑坡、海啸、火灾等所形成的灾害链为思路,得出震后滑坡是造成地震次生灾害人员伤亡的主要因素;David 等[131]用巽他弧带地震→海啸灾害链的危险性对西澳大利亚州灾害风险进行了评价。③对应急终止时机的研究,如黄星等[132]从灾害本身控制、需求提供和受灾人员临时安置三个维度提出灾害应急状态终止的影响因素,并结合马尔可夫过程和最优停止理论寻找应急状态进入稳态时的最大时间和最优停止时间点,提出基于马氏链-最优停止理论的灾害应急状态最优终止决策模型;陈安等[124]以有限情形的最优停止理论为依据,提出基于最优停止理论的应急终止时间点决策模型;武艳南等[125]从灾害实践中有无终止环节所引发的问题入手,先后就应急终止的内涵、实施主体和程序、应急终止判断等方面做了深入介绍。

由以上文献可知，现有成果从不同角度为本书研究提供了思路启发和理论依据，通过对灾害形成影响因素文献的梳理，便于本书从灾害系统理论角度，围绕灾情主要作用因素从横向空间上把握应急物流终止影响指标的代表特征，便于形成具有一般性的指标体系；对灾害链研究成果的梳理，利于本书从纵向时空上把握应急物流终止决策的灾害背景和对灾害控制程度的判断；对应急终止时机决策相关成果的梳理，利于本书从研究现状了解该领域的进展，为本书研究提供思路和突破口。从目前研究的现状来看，尽管　些学者从应急终止的机理、定量分析等角度提出了理论依据和方法参考，但研究结果难以运用于灾害实践指导中。具体原因在于：①灾害信息具有不确定、难获取的特征，采用有限的数据信息并结合相应的数学方法虽能从单一方面分析出应急终止时机，但很难描述高维度指标的综合影响，其决策结果可信度较低，而且在应急终止决策中，只注重定量决策方法，忽视定性模糊决策方法是值得商榷的；②现有成果对应急终止机制进行了探讨，这为灾害紧急救援应急状态终止提供了依据，但很少涉及灾害应急物流终止的决策。

对紧急阶段应急状态终止时机的决策，其指标主要涉及人员安置、灾害控制和伤员救治等具有鲜明时间判断点的指标，决策应急终止时机有明显的灾前可预见性，而应急物资终止的决策所涉及的因素较为复杂，需要从整个灾害系统的角度考虑众多影响终止的因素，而且终止具有事先不可预见和不确定性。本书的不同之处在于：①依据灾害系统理论，从致灾因子、孕灾环境和承灾体之间的相互关系上提出应急物流终止指标，指标的提出有较好的代表性；②将集对分析与可变模糊集理论结合起来应用于应急物流终止决策中，能够较好地降低决策风险，提高决策的可靠性；③由于该类问题有较为复杂的不确定影响因素，研究结果难以推广和应用，学界研究成果较少，通过本书研究以期丰富应急管理机制内容，推动该类问题的深入研究。

8.1　应急物流终止的决策指标

8.1.1　应急物流终止机理与影响因素

灾害系统理论认为，致灾因子、孕灾环境和承灾体是灾害系统组成的基本要素，孕灾环境包括自然环境和人文环境，是指物质和能量转化达到一定阈值时所形成的灾变现象，这种灾变现象就是灾害系统中的致灾因子，如地震、洪灾、旱灾等。承灾体主要指社会经济系统，包括社会资源、环境和人等要素，当灾变作用于承灾体，造成承灾体的破坏，这种破坏就形成灾情。三者的作用机理为(图8-1)：①孕灾环境诱发致灾因子，并可能导致次生灾害或衍生灾害的发生，这种灾害本身的演化过程是制约应急物流终止决策的关键因素。因为在应急物流能力一定情况下，灾害本身的风险度会阻碍应急物流效率，延长应急时间；②孕灾环境发生灾变，并作用于承灾体，会对承灾体有显著影响，在一定程度上造成人员伤亡、财物损失和社会系统的紊乱，并产生灾情，这种灾情的控制主要取决于应急物流系统的运行能力和灾害本身的演化结果，具体表现为应急物流系统需要高效服务于灾区，并通过人为干扰因素，降低灾情，缩短应急物流系统运行时间；③在防灾减灾水平一定情况下，致灾因子的强弱决定灾情大小，一般来讲，致灾因子越强，造成的灾害损失越大，则对应急物流的要求就会越高，同时也会影响应急物流终止决策。

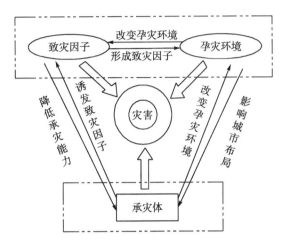

图 8-1　灾害系统要素间的相互关系

从灾害系统要素之间的作用机理可知，应急物流终止的影响因素十分复杂，既受到承灾体物理因素的影响，也受灾区社会因素的影响，是物理因素和社会因素共同作用的结果。通过分析灾害系统形成机理，影响应急物流终止决策的物理因素主要体现在灾害本身的稳定性和灾情控制两方面，灾害本身的稳定性主要从产生次生灾害或者衍生灾害的概率进行决策，灾情控制主要依靠应急物流保障能力来实现。社会因素主要体现在灾区社会秩序稳定状况及群体情绪稳定水平两方面：社会秩序稳定状况间接反映应急物流对灾区需求的满足水平，一般来讲，应急物流效率越高、物资保障能力越强，灾区社会秩序越稳定，应急物流终止就越趋向于结束，可用应急物流保障能力来体现；群体情绪稳定水平反过来会作用于灾区社会秩序的稳定，这种影响也就会推迟或提前停止应急物流状态。总之，只有在影响应急物流终止决策的物理因素和社会因素都得到合理干预并达到理想预期时，才可以对应急物流终止做正确决策。

8.1.2　应急物流终止决策指标及评价等级与标准

1. 应急物流终止决策指标

从应急物流终止决策影响因素来看，灾害本身的稳定性主要体现在次生灾害、衍生灾害产生的可能性上，次生灾害或衍生灾害产生概率小或虽然产生但不会对正常应急物流系统产生阻碍作用，则灾害本身稳定性较高，否则稳定性较低，可能会导致应急物流终止延迟。灾情控制主要针对灾后通过有效干预，控制或降低灾区损失的能力，通常用灾害损失控制效率来决策。应急物流保障能力，从灾害应急效果来看，主要采用应急物资提供能力、应急物资需求满足水平、人员救治任务完成水平、灾区生命线恢复情况及人员安置水平等几项关键指标予以体现[10]。灾区群体情绪主要反映群体在面临生存或财物损失时所表现出的心理恐慌程度，其影响因素十分复杂，包括舆论导向、应急需求满足、心理预期等。

综上所述，本书在借鉴现有研究、专家意见和通过对灾害系统要素相互影响机理的分析后，提出如表 8-1 所示的决策指标体系。

表 8-1   应急物流终止决策指标体系

类别	指标维度	决策指标	数据获取措施	序号
物理因素	灾害稳定	次生或衍生灾害发生概率	根据收集数据，可采用随机概率分布或马尔可夫随机过程，判断次生或衍生灾害的演化结果	1
	灾情控制	灾害损失控制	降低重要基础设施破坏程度，保护文物、数据、资料及控制人员伤亡等方面的能力	2
	应急物流保障	应急物资提供能力	各类应急物资提供到现场的效率	3
		应急物资需求满足水平	决策期应急物资日均需求满足率	4
		人员救治任务完成水平	压砸等受伤人员及时救治率	5
		灾区生命线恢复情况	维持最低生活水平的生命线工程恢复效果	6
		人员安置水平	灾区人员撤离、安置比率	7
社会因素	灾区群体情绪	群体恐慌度	灾民总体情绪稳定状况	8
		政府舆情控制能力	政府舆情干预及时性	9

2. 指标评价等级与标准

表 8-1 所示的应急物流终止决策指标共 9 个，考虑到灾害应急数据获取的困难，很难在灾害应急期间采集到海量精确数据，这就难以通过人工智能决策方法获取较为精确的结果。因此，在应急物流决策中，众多数据具有模糊性、不确定性，可以依据设定的指标评价标准，将其限定在合理的评价等级中，并依据评价等级判定各决策单元的应急物流停止状态。针对每个指标的决策等级问题，本书在借鉴相关研究成果和专家建议基础上，将应急物流终止决策等级分为不能终止、较长时间内终止、较短时间内终止、勉强终止、立即终止 5 个等级。根据各类灾害应急物流终止实践结果，"不能终止"通常是指终止的时间不确定，灾情控制不明朗，暂时无法确定终止时间，一般处于突发事件的应急初期阶段，以上一个决策日为基准，需在上一个决策日后至少 10 日以上方能考虑终止应急物流；"较长时间内终止"是指通过初期救援灾情得到逐步控制，应急进展较为顺利，在未来一个较长时期内可以终止应急物流，一般处于应急中期阶段，一般为上一个决策日后 7～10 日内考虑终止应急物流；"较短时间内终止"是指灾情得到有效控制，应急任务接近尾声，在未来一个较短时间内可以终止应急物流，一般为上一个决策日后 4～7 日内；"勉强终止"是指应急物流任务处于尾声阶段，可实时终止应急物流，一般为上一个决策日后 2～4 日内；"立即终止"是指应急任务全部结束，达到预期目标，可以宣布立即终止应急物流，转为灾区重建和恢复阶段。每个指标的评价属性和评价标准如表 8-2 所示。

表 8-2　应急物流终止评价等级与标准

决策 等级	决策指标									
	次生 灾害	灾损 控制	应急物资 提供	需求满足 /%	人员救治 /%	灾区 生命线	人员 安置 /%	群体恐 慌度	政府 舆情 控制	指标评价 标准
不能终止	0.9~1.0	差	弱	10~30	<60	不能 满足	<60	高	弱	0~20
较长时间 内终止	0.7~0.9	较差	较弱	30~50	60~75	满足 水平低	60~75	较高	较弱	20~40
较短时间 内终止	0.5~0.7	一般	一般	50~65	75~85	满足 水平一般	75~85	一般	一般	40~60
勉强终止	0.3~0.5	较好	较强	65~75	85~95	满足 水平较高	85~95	较低	较强	60~80
立即终止	0~0.3	好	强	>75	>95	满足	>95	低	强	80~100

8.2　应急物流终止决策方法

8.2.1　决策方法选择

为了提高决策区域应急物流终止的可靠度，需要将决策区域分为若干单元，这样有利于识别各单元应急物流状态的等级。由于应急物流决策数据具有难搜集、非线性、多模糊特征，常规的模糊决策方法很难将决策标准进行明确，如模糊决策法、统计分析法等，大多难以有效解决决策指标之间的兼容性、决策等级以及样本决策指标所在标准区间的相对隶属度和隶属度函数问题。本书将集对分析与可变模糊集理论用于应急物流终止决策之中，以期通过集对分析方法解决决策样本指标与决策等级之间的联系度问题，通过可变模糊集理论从"优""劣"两方面描述决策样本与决策等级之间的接近程度，并合理确定样本指标的隶属度及隶属度函数。因此，本书提出基于集对分析与可变模糊集理论的应急物流终止决策方法，以期提高决策的可靠度。

8.2.2　应急物流终止的集对分析与可变模糊集决策

1. 集对分析与可变模糊集理论

(1)集对分析理论[133]。集对分析的基本思想：给定已知背景，对所论的决策样本集合 $\{X_j|j=1,2,\cdots,m\}$ 和决策等级集合 $\{S_{kj}|k=1,2,\cdots,K;j=1,2,\cdots,m\}$ 的安全属性进行同、异、反的定量比较分析；其中，m 为决策指标数，K 为决策等级数。主要把样本和评价等级看成一个集对，计算决策样本和决策等级之间的单指标联系度，其计算公式为

$$U = a + bI + cJ \tag{8-1}$$

式中，a、b、c 分别为同一度、差异度和对立度，取值为非负，且 $a+b+c=1$；差异度系

数 $I \in [-1,1]$，当 $I = -1$ 或 1 时表示 b 是确定的，而随着 I 接近 0，b 的不确定性增强。J 为对立系数，一般恒取 1。如果决策样本和决策等级的联系度计算结果为 1，说明他们处于同一等级中；结果为 -1，说明他们处于相隔等级中；其余结果则说明他们处于相邻等级中，此时 $U \in [-1,1]$，当决策样本越接近决策等级 K，则 $U = 1$；越接近与等级 K 相隔的等级，则 $U = -1$。

(2) 可变模糊集理论。依据可变模糊集理论[134-136]：设论域 U 上的对立模糊概念，对 U 中任意元素 u，$u \in U$，在相对隶属度函数的连续数轴上一点，u 对表示吸引性质的 $\tilde{A}$ 的相对隶属度为 $\mu_{\tilde{A}}(u)$，对表示排斥性质 $\tilde{A}_c$ 的相对隶属度为 $\mu_{\tilde{A}_c}(u)$，$\mu_{\tilde{A}}(u) \in [0,1]$，$\mu_{\tilde{A}_c}(u) \in [0,1]$。设

$$D_{\tilde{A}}(u) = \mu_{\tilde{A}}(u) - \mu_{\tilde{A}_c}(u) \qquad (8\text{-}2)$$

$D_{\tilde{A}}(u)$ 称为 u 对 $\tilde{A}$ 的相对差异度。映射为

$$\begin{cases} D_{\tilde{A}}(u), & U \to [-1,1] \\ u, & D_{\tilde{A}}(u) \in [-1,1] \end{cases} \qquad (8\text{-}3)$$

称为 u 对 $\tilde{A}$ 的相对差异函数。其中，$\mu_{\tilde{A}}(u) + \mu_{\tilde{A}_c}(u) = 1$。

设 $X_0 = [a,b]$ 为实轴上模糊可变集合 $\tilde{V}$ 的吸引域，$X \in [c,d]$ 为包含 $X_0(X_0 \subset X)$ 的某一上、下界范围区间，即排斥域，如图 8-2 所示。

图 8-2　位置关系

设 M 为吸引域区间 $[a,b]$ 中 $D_{\tilde{A}}(u) = 1$ 的点值，x 为区间内的任意点的量值，则 x 落入 M 左侧时的相对差异函数为

$$D_{\tilde{A}}(u) = (x-a/M-a)^{\beta}, x \in [a,M] \qquad (8\text{-}4)$$

$$D_{\tilde{A}}(u) = (x-a/c-a)^{\beta}, x \in [c,a] \qquad (8\text{-}5)$$

则 x 落入 M 右侧时的相对差异函数为

$$D_{\tilde{A}}(u) = (x-b/M-b)^{\beta}, x \in [M,b] \qquad (8\text{-}6)$$

$$D_{\tilde{A}}(u) = -(x-b/d-b)^{\beta}, x \in [b,d] \qquad (8\text{-}7)$$

式中，β 为非负指数，一般取 $\beta = 1$。依据上述公式，当 $x = a$，$x = b$ 时，$D_{\tilde{A}}(u) = 0$；当 $x = M$ 时，$D_{\tilde{A}}(u) = 1$；当 $x = c$，$x = d$ 时，$D_{\tilde{A}}(u) = -1$；当 x 不落入区间 $[c,d]$ 时，$D_{\tilde{A}}(u) = -1$。

设应急评价指标数为 m，每个指标被划分为 c 个评价等级，则可变模糊集评价模型为

$$u'_h = \frac{1}{\left[1 + \left(d_{hg}/d_{hb}\right)^a\right]} \qquad (h = 1,2,\cdots,c) \qquad (8\text{-}8)$$

其中，$d_{hg} = \left\{\sum_{i=1}^{m}\left[w_i(1-\mu_{\tilde{A}}(u_{ih}))\right]^p\right\}^{1/p}$，$d_{hb} = \left[\sum_{i=1}^{m}w_i\mu_{\tilde{A}}(u_{ih})^p\right]^{1/p}$。式中，$u'_h$ 为样本关于级别 h

的非归一化综合相对隶属度；$p=1$ 时为线性函数，$p=2$ 时为非线性函数；α 为优化准则参数，通常取 $\alpha=1$ 或 $\alpha=2$；w_i 为第 i 个评价指标的权重；$\mu_{\tilde{A}}(u_{ih})$ 为第 i 个评价指标对第 h 等级的相对隶属度。

$$H = \sum_{h=1}^{c} u_h h; \quad u_k = u_h' \bigg/ \sum_{h=1}^{c} u_h' \tag{8-9}$$

式中，H 为评价样本等级。

2. 应急物流终止决策步骤

步骤 1：构建应急物流终止决策指标体系，设指标数为 m。

步骤 2：确定指标权重。本书采用二元比较模糊量化分析和三级权重相结合的方法确定应急物流终止各指标权重 w_j[137]。

步骤 3：建立样本集和决策等级。将拟决策的灾区分为 m 个区域（单元），每个单元的样本数据构成一个样本集，设样本集为 $\{X_j | j=1,2,\cdots,m\}$、每个单元的决策等级构成一个决策等级集合，设决策等级集为 $\{S_{kj} | k=1,2,\cdots,K; j=1,2,\cdots,m\}$。

步骤 4[138]：计算决策样本和决策等级的联系度，具体方法如下。

同一度计算：设样本决策指标 $1,2,\cdots,t_1$ 处于等级 K 中，则同一度计算式为

$$a = \sum_{j=1}^{t_1} w_j' \tag{8-10}$$

式中，$w_j' = w_j \bigg/ \sum_{j=1}^{t_1} w_j$ 为归一化后的权重。

对立度计算：设样本决策指标 $t_1+1, t_1+2, \cdots, t_2$ 处于决策等级 K 的相隔等级中，则对立度计算式为

$$c = \sum_{j=t_1+1}^{t_2} w_j' \tag{8-11}$$

差异度计算：设样本决策指标 $t_2+1, t_2+2, \cdots, m$ 处于等级 K 相邻等级，则单指标差异度计算式为

$$b_j = w_j' \quad (j = t_2+1, t_2+2, \cdots, m) \tag{8-12}$$

单指标差异度系数计算式为

$$I_j = \begin{cases} -2\left|(s_{k-1,j}-x_j)/(s_{k-1,j}-s_{k-2,j})\right|, & x_j \in \mathrm{gran}(k-1) \\ -2\left|(x_j-s_{k,j})/(s_{k+1,j}-s_{k,j})\right|, & x_j \in \mathrm{gran}(k+1) \end{cases} \tag{8-13}$$

式中，$x_j \in \mathrm{gran}(k+1)$ 为指标值落入决策等级 $k+1$ 中，$x_j \in \mathrm{gran}(k-1)$ 表示指标落入等级 $k-1$ 中。综合联系度计算式为

$$u = a + \sum_{j=t_2+1}^{m} b_j I_j + cJ \tag{8-14}$$

步骤 5：计算隶属度。依据集对分析方法计算与等级 k 的联系度 u_k，采用可变模糊集理论，利用下式求隶属度 v_k；

$$v_k = (1 + u_k) / 2 \qquad (8\text{-}15)$$

步骤 6：按以下算式计算各决策单元的决策等级：

$$h = \sum_{k=1}^{n} k\left(v_k \Big/ \sum_{k=1}^{n} v_k \right) \qquad (8\text{-}16)$$

步骤 7：按事先设定的应急物流终止标准，确定各单元应急物流终止状态。

步骤 8：应急物流终止的基本条件是整个灾区各单元应急物流任务都达到预期目标时才可以终止，否则不能终止灾区应急物流活动，但可以增大或减小灾区应急物流规模。因此，依据决策结果，若存在决策单元不满足应急物流终止条件，则需加快该单元的应急物流进程，直到所有决策单元满足应急物流终止条件时，方可做出灾区应急物流终止的决策。其决策流程如图 8-3 所示。

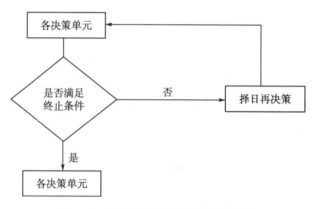

图 8-3　各单元应急物流终止决策流程

8.3　案 例 应 用

本书以"5·12"汶川地震的重灾区绵阳市为例，将绵阳市各区、县划分为各个决策单元，用集对分析与可变模糊集理论对各单元在地震发生后的应急物流终止问题进行决策。研究小组在绵阳市应急中心、地震局、民政局及各区县应急办的配合下，结合研究小组的调研、专家咨询，收集了"5·12"汶川地震发生后 18 天的相关数据。决策小组根据数据对各指标进行计算后，一直认为灾后前 5 天不能终止应急物流，即说明至少存在一个决策单元不能达到应急物流终止条件。本书假设各决策单元都能终止应急物流时方能最终结束应急物流状态。第一次终止决策时间定在灾后第 6 天，也就是 5 月 17 日，如果该天决策结果仍不能终止应急物流，即需要择日再次决策，直到各决策单元都能终止应急物流为止。现以 5 月 17 日为决策开始日期，各受灾单元指标决策数据、指标量化标准值如表8-3、表 8-4 所示。

表 8-3　"5·12"汶川地震 5 月 17 日指标决策数据

	次生灾害	灾损控制	应急物资提供	需求满足/%	人员救治/%	灾区生命线	人员安置/%	群体恐慌度	政府舆情控制
绵阳市区	0.18	较好	强	61	91	满足	90	一般	强
平武县	0.19	一般	一般	38	83	满足水平低	88	较高	一般
北川羌族自治县	0.21	一般	差	36	57	满足水平低	67	较高	一般
江油市	0.20	较好	较强	45	78	满足水平较高	81	较高	一般
安县	0.15	一般	一般	39	69	满足水平较高	93	较高	强
梓潼县	0.17	较好	一般	51	81	满足水平一般	90	一般	较弱
盐亭县	0.21	较好	较强	55	91	满足水平较高	86	一般	较弱
三台县	0.12	较好	一般	49	77	满足水平较高	88	较高	较弱

表 8-4　指标量化标准值

	次生灾害	灾损控制	应急物资提供	需求满足	人员救治	灾区生命线	人员安置	群体恐慌度	政府舆情控制
绵阳市区	80~100	60~80	80~100	40~60	60~80	80~100	60~80	40~60	80~100
平武县	80~100	40~60	40~60	20~40	40~60	20~40	60~80	20~40	40~60
北川羌族自治县	80~100	40~60	0~20	20~40	0~20	20~40	20~40	20~40	40~60
江油市	80~100	60~80	60~80	20~40	40~60	60~80	40~60	20~40	40~60
安县	80~100	40~60	40~60	20~40	20~40	60~80	60~80	20~40	80~100
梓潼县	80~100	60~80	40~60	40~60	40~60	40~60	60~80	40~60	20~40
盐亭县	80~100	60~80	60~80	40~60	60~80	60~80	60~80	40~60	20~40
三台县	80~100	60~80	40~60	20~40	40~60	60~80	60~80	20~40	20~40

8.3.1　指标权重

邀请专家,采用二元比较模糊量化分析和二级权重相结合的方法确定应急物流终止各指标权重 w_j,如表 8-5 所示。

表 8-5　指标权重

指标	次生灾害	灾损控制	应急物资提供	需求满足	人员救治	灾区生命线	人员安置	群体恐慌度	政府舆情控制
权重	0.083	0.092	0.230	0.212	0.130	0.038	0.090	0.067	0.058

8.3.2 各单元应急物流终止决策

首先，采用 5 级量表赋值方法，分别对 5 个评价等级赋值 1～5，即"不能终止"赋值 1、"较长时间内终止"赋值 2、"较短时间内终止"赋值 3、"勉强终止"赋值 4、"立即终止"赋值 5。其次，计算各决策单元应急物流终止状况与各决策等级之间的联系度，如表 8-6 所示。最后，采用式(8-15)、式(8-16)计算各决策单元的综合决策等级，如表 8-7 所示。

表 8-6 各单元决策结果

决策单元	不能终止	较长时间内终止	较短时间内终止	勉强终止	立即终止
绵阳市区	-0.412	0.616	0.113	-0.126	-0.553
平武县	-0.533	0.613	0.154	-0.171	-0.512
北川羌族自治县	-0.710	0.577	0.161	0.015	-0.669
江油市	-0.476	0.500	0.116	-0.101	-0.482
安县	-0.636	0.499	0.107	0.025	-0.381
梓潼县	-0.552	-0.533	0.122	-0.177	-0.538
盐亭县	-0.533	-0.342	0.103	-0.142	-0.418
三台县	-0.472	0.512	0.147	-0.120	-0.611

表 8-7 各决策单元的综合决策等级值

决策单元	绵阳市区	平武县	北川羌族自治县	江油市	安县	梓潼县	盐亭县	三台县
决策等级	4.98	3.01	2.02	3.06	3.11	5.03	4.00	3.97

由表 8-7 可知，绵阳市区接近终止，可以在决策日后第 1 日宣布终止应急物流，即 5 月 18 日；平武县、安县、江油市属于较短时间内终止，即在决策日后 4～7 日内再决策是否可以终止；盐亭县、三台县属于勉强终止，即在决策日后 2～4 日内再次决策是否可以终止；北川羌族自治县属于较长时间内终止，即在决策日后 7～10 日内再次决策是否可以终止。

通过 5 月 18 日的决策结果可知，在灾后第 6 天是不能终止应急物流的。终止应急物流时间最长的是北川羌族自治县，后经过研究小组两次决策，即在灾后第 10 日、第 12 日做了两次决策，最终在第 12 日，即 5 月 23 日，所有决策单元都满足立即终止应急物流条件，故得出决策结果："5·12"汶川地震中绵阳市终止应急物流的时间应为灾后的第 13 日，即 5 月 24 日。这与汶川地震终止紧急救援时间十分接近，即 5 月 21 日。进一步，将本书的相关数据应用于模糊综合评价法、灰色综合评判法及多粒度模糊语义群决策方法中，决策结果为：模糊综合评价法决策终止应急物流时间为灾后第 21 日、灰色综合评判法为灾后第 18 日、多粒度模糊语义群决策方法为灾后的第 14 日，说明本书决策方法更为可靠，可用于突发灾害应急物流终止决策中。

8.4 结 语

应急物流终止问题属于应急管理机制的最后一环，是有效评估应急绩效、控制应急成本和转换应急任务的重要依据。现有研究成果力求从定量分析角度确定应急物流终止的精确时间，事实上应急环境的复杂性、数据的可靠性和影响因素的不确定性决定了该类问题是难以定量解决的。本书以灾害系统理论为指标提取依据，提出具有较好代表能力的应急物流终止决策指标体系；为解决贫信息情况下应急物流终止决策的可靠性问题，将灾区分为若干决策单元，以降低整体决策的风险。采用集对分析与可变模糊集理论，从"优""劣"两方面描述决策样本与决策等级之间的接近程度，合理确定了决策等级和决策指标在标准区间的相对隶属度和隶属度函数。案例结果表明，本书所采用的决策方法更加接近决策实际，操作简便有效，决策可靠性优势明显，能够应用于灾害应急物流终止决策中。

第9章 基于恐慌度测量的应急物流终止决策

应急物流状态的终止是整个应急管理过程的最后一个环节，也是应急物流从应急转为常态并进入下一个循环的关键。应急物流状态的实时终止能有效降低应急成本和减少社会不稳定因素，同时也是有效评估和监督本次应急物流活动成效的关键指标，过早或过晚结束都可能导致严重的次生灾害和巨大的财物浪费[139]。目前，国内学者对应急物流终止时机的研究较少，从搜索到的文献来看，学者们主要集中于应急管理终止机制理论的探索，而用终止理论来解决现实问题的较少[140,141]。本书尝试以应急管理理论、行为心理学理论和马斯洛需求理论为依据，把灾后群体恐慌度与应急资源及时供应情况联系起来，在其他恐慌度影响因素不变的情况下，寻找恐慌度随应急资源满足率变动的特征，通过建立GM(1,1)恐慌度灰色预测模型确定应急物流终止时机。

9.1 灾后群体恐慌度曲线与应急物流状态曲线的理论分析

9.1.1 灾后群体恐慌度曲线与应急物流状态曲线的关系

行为心理学相关理论表明，恐慌是在个体的生存条件受到人为或者外界破坏，危及人的生命、生存或财产损失等情况时产生的[142]。江华良在其研究中也进行了相关验证，他通过计算机技术设计心理测验，系统研究了在灾害发生各阶段因资源受约束时的群体恐慌行为和心理，实验结果表明灾害发生后，当群体资源受约束时，群体恐慌心理明显加强，反之，恐慌减弱。这一研究表明，灾害发生后，由于人的生存条件被损坏或丧失，原有的生存平衡被严重干扰或打破时，人的需求会出现趋向低层次需求的趋同性特征。马斯洛需求结构理论进一步表明，人的低层次需求是生理需求和安全需求，生理需求主要体现在维持生命所需的衣、食、住等方面，安全需求主要体现在摆脱威胁生命安全和财产损失的因素，这两类需求都必须通过资源获取予以满足。具体到灾害环境中，人的资源获取必须依赖应急物流予以保障，灾后应急物流的保障主要是通过应急资源及时供给来实现的。只有通过应急资源的及时提供，才可以最大限度满足灾后公众的生理需求和安全需求，进而有效降低公众的恐慌心理。因此，灾害发生后，群体恐慌度的变化受应急资源能否及时供给的影响，说明恐慌度曲线与应急物流状态曲线具有紧密联系。

9.1.2　灾后恐慌度曲线与应急物流状态曲线的变动趋势

应急管理理论将灾后应急物流随时间的推进划分为应急准备 (emergency preparation)、应急开始 (emergency start)、应急推进 (emergency advancement)、应急终止 (emergency termination) 四种状态[5]，这四种状态的完成实际就是应急资源的快速、及时供应过程，所反映的应急物流状态曲线将随应急资源供应量从大到小呈逐渐递减趋势变动，可大致绘制出灾后群体恐慌度和应急物流状态的理论曲线 (图 9-1，图 9-2)。为证明该曲线的可靠性，通过拟合 "5·12" 汶川地震期间，四川绵阳市 5 月 16 日～6 月 13 日以及都江堰 5 月 20 日～6 月 7 日的恐慌度调查数据和应急物资日供给总费用数据，发现两地区恐慌度 L 与时间 t 总体上成反比关系，常数 $k_1 > 0$，应急物流状态 S（用应急资源总成本表示）与时间 t 也总体上成反比关系，常数 $k_2 > 0$，两曲线都位于坐标轴第一象限内，且常数值十分接近。

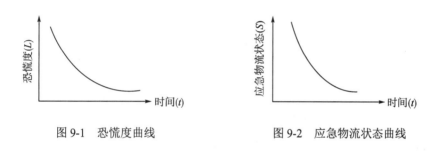

图 9-1　恐慌度曲线　　　　　　　图 9-2　应急物流状态曲线

9.2　指标及序列观测数据的获取

9.2.1　恐慌度指标

根据汉斯·塞里理论，当突发事件发生时，群体中的个体恐慌会通过一些行为表现出来，这些行为表现由四个维度来测量，即生理反应、行为反应、情绪表现和认知反应，每个维度由若干因素组成，这些因素构成群体恐慌度评价指标体系[143]（表 9-1）。

表 9-1　恐慌度评价指标体系

一级指标	二级指标
生理反应	头痛、疲乏、感觉呼吸困难、食欲不振、容易失眠、做噩梦、容易被惊吓、肌肉紧张、哽塞感
行为反应	从众、逃避、不敢出门、害怕见人、容易自责或怪罪他人
情绪表现	害怕、焦虑、怀疑、悲伤、易怒、绝望、无助
认知反应	注意力不集中、缺乏自信、无法做决定、思维混乱、不能把思维从危机上转开

9.2.2 应急资源保障测量指标

从应急物流的定义和特点可知，应急物流主要目的是以最短时间、最小灾害损失和最低应急成本向受灾点提供所需的人、财、物等应急资源。因此，灾害发生后，应急资源的保障能力能充分反映应急物流的整体运作能力。根据定义和特点，在灾害发生后，应急资源保障能力的评价指标主要体现在应急资源满足程度上，即应急资源满足率，其测量公式为：应急资源满足率=应急资源及时供应量/应急资源需求量×100%。

由于灾害有其自身演变规律，应急资源满足率指标不能体现连续周期上资源供应量的变化规律，在灾害的不同阶段，其应急资源的需求量是不一致的，一般来讲，灾害初期和中期所需资源量比灾害后期要大，为了方便获取连续周期上应急物流状态序列的具体信息，可将应急资源满足率作为当期资源保障能力的关键评价指标，把当期应急资源总成本作为应急物流状态序列数值，其计算式为：当期应急资源总成本=$\sum$ 单位资源价格$_i$×当期应急资源量$_i$。

9.2.3 恐慌度序列数据获取的方法

为获取恐慌度序列数据，将四个维度的 26 个指标编制成问卷，在连续周期内对个体进行抽样调查，获取个体恐慌度信息，问卷采用利克特 5 分量表测量：1 代表"非常不同意"，2 代表"不同意"，3 代表"一般"，4 代表"同意"，5 代表"非常同意"。为提高问卷的可信度和有效性，问卷发放必须综合考虑样本的容量、年龄、性别、学历等因素，并辅以心理测试仪器以提高问卷的效度。问卷调查结束后算出每份有效问卷的分值，然后用分值除以 1.3 得到该份问卷的标准分，接着将所有个体得分加总求平均，得到群体恐慌度粗分，并把群体恐慌度划分为 5 个对应等级，参阅相关文献[144,145]，1 级为分值低于 50分，表示恐慌度一般，2 级为 51～58 分，表示轻度恐慌，3 级为 59～70 分，表示较重，4级为 71～75 分，表示严重，高于 76 分为 5 级，表示很重。规定恐慌度在 58 分之下并出现相对稳定或平缓下降的情况时，表明恐慌度逐步稳定，回到正常可接受范围内，此时也表明应急物流状态趋于终止。

9.3 恐慌度预测模型

9.3.1 恐慌度与应急物流状态的灰色综合关联度

计算灰色综合关联度是为了用灾后恐慌度曲线的走势来检验应急资源满足的效率，当出现综合关联度变小时，容易发现应急资源保障问题，便于及时加以调整；当恐慌度曲线出现大幅度波动时，说明应急资源满足率波动太大，需要及时通过提高应急资源满足率实现曲线变动趋势的平稳变化，直到状态终止，进而缩短应急物流状态周期。因此，灰色关联分析可以弥补数理统计要求大量数据的不足，有效防止量化结果与定性分析结果不符的现象，其基本思想是根据序列曲线几何形状的相似程度来判断其联系是否紧密，曲线越接近，相应序列之间的关联度就越大[145-149]。

设恐慌度行为时间序列和应急物流状态行为时间序列分别为

$$X_0 = (x_0(1), x_0(2), \cdots, x_0(n))$$
$$X_1 = (x_1(1), x_1(2), \cdots, x_1(n))$$

X_0、X_1 满足 $h_{0(1)} = \int_1^n (X_{0(1)} - x_{0(1)}(1)) \mathrm{d}t \leqslant 0$，故 X_0、X_1 为衰减序列，且 $x_0(k) \geqslant 0$，$x_1(k) \geqslant 0$。其中，$x_0(k)$ 为恐慌度行为时间序列 X_0 在周期 k 时的群体恐慌度，$k = 1, 2, \cdots, n$，$x_1(k)$ 为应急物流状态行为时间序列 X_1 在周期 k 时的应急资源及时供给成本，$k = 1, 2, \cdots, n$，X_0、X_1 为时距序列，各对相邻观测数据间的时距相同。

先用区间化算子 D 对恐慌度行为时间序列 X_0 做无量纲处理，求区间值像 $X_0 D$，X_1 也做同样处理

$$X_0(D) = (x_0(1)d, x_0(2)d, \cdots, x_0(n)d) \tag{9-1}$$

式中，$x_0(k)d = \dfrac{x_0(k) - \min\limits_k x_0(k)}{\max\limits_k x_0(k) - \min\limits_k x_0(k)}$，$k = 1, 2, \cdots, n$。

再计算 $X_0 D$ 的始点零化像，$X_1 D$ 同样也做始点零化像：

$$X_0^0 = X_0 D D_0 = (x_0(1)dd_0, x_0(2)dd_0, \cdots, x_0(n)dd_0) = (x_0^0(1), x_0^0(2), \cdots, x_0^0(n)) \tag{9-2}$$

式中，$x_0^0(k)d_0 = (x_0(k)d - x_0(1))$，$k = 1, 2, \cdots, n$。

恐慌度与应急物流状态的行为时间序列的灰色绝对关联度 ζ_{01} 为

$$\zeta_{01} = \frac{1 + |s_0| + |s_1|}{1 + |s_0| + |s_1| + |s_1 - s_0|} \tag{9-3}$$

式中，$|s_0| = \left| \sum\limits_{k=2}^{n-1} x_0^0(k)d + \dfrac{1}{2} x_0^0(n)d \right|$，$|s_1| = \left| \sum\limits_{k=2}^{n-1} x_1^1(k)d + \dfrac{1}{2} x_1^1(n)d \right|$，$|s_1 - s_0| = \left| \sum\limits_{k=2}^{n-1} (x_1^1(k)d - x_0^0(k)d) \right.$

$\left. + \dfrac{1}{2} (x_1^1(n)d - x_0^0(n)d) \right|$

由于灰色绝对关联度只满足灰色关联公理中规范性、偶对称性与接近性，但不满足整体性公理。还需要求出灰色相对关联度后，再求出灰色综合关联度。灰色相对关联度是序列 X_0 与 X_1 相对于始点的变化速率的联系的表征，X_0 与 X_1 的变化速率越接近，灰色相对关联度 η_{01} 越大，反之越小。则 X_0 的初值像（X_1 按 X_0 相同方法求初值像和零化像）为

$$X_0^{\wedge} = X_0 / x_0(1) = \left(\frac{x_0(1)}{x_0(1)}, \frac{x_0(2)}{x_0(1)}, \cdots, \frac{x_0(n)}{x_0(1)} \right)$$

零化像为

$$\begin{aligned} X_0^{\wedge 0} &= \left[((x_0^{\wedge}(1) - x_0^{\wedge}(1)), (x_0^{\wedge}(2) - x_0^{\wedge}(1)), \cdots, (x_0^{\wedge}(n) - x_0^{\wedge}(1)) \right] \\ &= ((x_0^{\wedge 0}(1), x_0^{\wedge 0}(2), \cdots, x_0^{\wedge 0}(n)) \end{aligned} \tag{9-4}$$

灰色相对关联度为

$$\eta_{01} = \frac{1 + \left|s_0^\wedge\right| + \left|s_1^\wedge\right|}{1 + \left|s_0^\wedge\right| + \left|s_1^\wedge\right| + \left|s_1^\wedge - s_0^\wedge\right|} \tag{9-5}$$

式中，$s_0^\wedge$、$s_1^\wedge$ 与式(9-3)求法相同。

灰色综合关联度为

$$\varepsilon_{01} = \mu\zeta_{01} + (1-\mu)\eta_{01} \tag{9-6}$$

式中，$\mu = 0.5$。

9.3.2 基于 GM(1,1)的恐慌度预测模型

GM(1,1)模型是灰色系统理论中应用最广泛的一种灰色动态预测模型，它主要用于复杂系统某一主导因素特征值的预测，以揭示主导因素变化规律和未来发展变化态势，灰色预测模型本质上是指数预测模型，GM(1,1)模型不需要太多的原始数据，计算简单，只需要预测对象的单因素即可，预测精度很高[150,151]。本书用 GM(1,1)原理构建群体恐慌度预测模型，以已有的连续周期恐慌度数据为基础，通过预测出后续周期的恐慌度值，来选择应急物流状态终止的时机。

恐慌度行为时间序列 $X_0 = (x_0(1), x_0(2), \cdots, x_0(n))$ 为非负序列，其中，$x_0(k) \geqslant 0$。

(1)做非负准光滑检验：

$$\delta(k) = \frac{x_0(k)}{\sum\limits_{i=1}^{k-1} x_0(i)} \qquad (k = 2, 3, \cdots, n) \tag{9-7}$$

若满足 $\dfrac{\delta(k+1)}{\delta(k)} < 1$，$k = 2, 3, \cdots, n-1$；$\delta(k) \in [0, 0.5]$，$k = 3, 4, \cdots, n$，则称 X_0 为非负准光滑序列，进一步验证了恐慌度序列具有灰指数规律。

(2)对原序列 $X_0 = (x_0(1), x_0(2), \cdots, x_0(n))$ 做累加生成算子(accumulating generation operator，AGO)：

$$X^{(1)} = X_0 D_2 = (x_0(1)d_2, x_0(2)d_2, \cdots, x_0(n)d_2)$$

其中

$$x_0(n)d_2 = \sum_{i=1}^{k} x_0(i) \quad (k = 1, 2, \cdots, n) \tag{9-8}$$

称 D_2 为 X_0 一次累加算子 1-AGO，经过 1-AGO 后序列 X_0 会更加光滑，实现由灰色向白化过程转变，X_0 指数规律会愈加显现。

(3)对 $X^{(1)}$ 做紧邻均值生成序列：

$$A^{(1)} = (a^{(1)}(1), a^{(1)}(2), \cdots, a^{(1)}(n))$$

式中，$a^{(1)}(k) = \dfrac{1}{2}(x^{(1)}(k) + x^{(1)}(k-1))$，$k = 2, 3, \cdots, n$。

(4)GM(1,1)恐慌度预测模型为

$$x_0(k) + aa^{(1)}(k) = b \tag{9-9}$$

式中，a 为发展参数，b 为灰色作用量，对参数 a 进行最小二乘估计，假设 $\hat{a} = [a, b]^{\mathrm{T}}$ 为参

数列，且

$$Y = \begin{bmatrix} x_0(2) \\ x_0(3) \\ \vdots \\ x_0(n) \end{bmatrix}, \quad B = \begin{bmatrix} a^{(1)}(2) & 1 \\ a^{(1)}(3) & 1 \\ \vdots & \vdots \\ a^{(1)}(n) & 1 \end{bmatrix} \tag{9-10}$$

则 GM(1,1) 恐慌度预测模型 $x_0(k) + aa^{(1)}(k) = b$ 的最小二乘估计参数列满足

$$\hat{a} = (B^{\mathrm{T}}B)^{-1}B^{\mathrm{T}}Y \tag{9-11}$$

由白化方程 $\dfrac{\mathrm{d}x^{(1)}}{\mathrm{d}t} + ax^{(1)} = b$ 解得时间响应函数：

$$x^{(1)}(t) = \left(x^{(1)} - \frac{b}{a} \right)e^{-at} + \frac{b}{a} \tag{9-12}$$

则 GM(1,1) 恐慌度预测模型 $x_0(k) + aa^{(1)}(k) = b$ 的时间响应序列为

$$\hat{x}^{(1)}(k) = \left(x_0(1) - \frac{b}{a} \right)e^{-a(k-1)} + \frac{b}{a} \quad (k = 1, 2, \cdots, n) \tag{9-13}$$

还原值为

$$\hat{x}_0(k) = \hat{x}^{(1)}(k) - \hat{x}^{(1)}(k-1) \quad (k = 1, 2, \cdots, n) \tag{9-14}$$

根据式 (9-13) 求出 $X^{(1)}$ 的预测值后，需要将 $X^{(1)}$ 的预测值用式 (9-14) 还原为 X_0 的预测值，先检验还原值与 X_0 行为时间序列值的平均相对误差，按确定好的精度检验等级验证还原值的精度，然后求出剩下连续周期的恐慌度预测值，如果恐慌度预测值落到轻度恐慌度等级内，并呈递减趋势的话，此时所对应的周期时间为应急物流状态终止的时间点，决策者可以选择结束应急物流的应急状态而转入常态，进入灾后恢复重建阶段。

9.4　模型应用算例

9.4.1　问题描述

绵阳市是"5·12"汶川地震的重灾区，因条件限制，研究组只在市区做了前 5 个周期的群体恐慌度调查，每个周期时长为 3 天，并通过灾害应急管理中心获取了前 5 个周期的应急资源满足率、资源发放量、资源成本等数据，如表 9-2 所示。为了降低因资源约束造成的群体恐慌、减少灾区社会不稳定因素、降低应急资源成本、及时启动灾后恢复重建工作，现需对应急物流状态终止时机做决策。

9.4.2　灰色综合关联度

根据表 9-2 数据和式 (9-3)、式 (9-5)、式 (9-6) 分别计算出灰色绝对关联度、灰色相对关联度和灰色综合关联度为：$\zeta_{01} = 0.96$，$\eta_{01} = 0.83$，$\varepsilon_{01} = 0.895$。从综合关联度可以看出恐慌度几何曲线与应急物流状态曲线高度相似，验证了恐慌度在其他影响因素一定的情

况下随应急物流状态变化而变化。同样，由于恐慌度曲线的后反映特点，利于在应急管理中加强应急资源满足率的提高，以提高灾民满意度和降低群体恐慌度，并起到加速应急物流状态曲线的递减效果。

表 9-2　前 5 个周期的数据情况

周期	应急资源满足率/%	资源及时供给量/万吨	资源成本/千万元	群体恐慌度问卷得分
1	53	46	138	95
2	56	41	123	92
3	61	38	114	87
4	64	34	102	84
5	68	31	93	80

注：在实际中，应急资源供给量和群体恐慌度往往是波动起伏的，但随着救援的不断推进和灾害的减弱或控制，总体趋势上，应急资源需求量和群体恐慌度必然呈下降趋势，为便于计算设置了表 9-2 的数据

9.4.3　GM(1,1)恐慌度预测模型的精度

根据 GM(1,1)恐慌度预测模型，前 5 个周期恐慌度行为时间序列的准光滑序列中，$\dfrac{\delta(k+1)}{\delta(k)}$ 的最大值为 0.71，满足 $\dfrac{\delta(k+1)}{\delta(k)}<1$ 条件；$\delta(k)$ 序列中最大值为 0.47，满足 $\delta(k)\in[0,0.5]$ 条件，说明恐慌度序列具有明显的指数递减规律。进而用 MATLAB7.0 通过简单编程求出 GM(1,1)模型中的参数列 $\hat{a}$、$\hat{b}$ 和前 5 个周期的模拟恐慌度值，然后比较模拟值与原恐慌序列值的平均相对误差，检验其精度，如果精度不高，需要对模型进行调整，以保证精度在可接受等级范围。模拟结果如表 9-3 所示。

表 9-3　恐慌度模拟结果

周期	$x_0(k)$ 序列数据	GM(1,1)恐慌度预测模型		相对误差率 $\Delta(k)$
		模拟结果 $\hat{x}_0(k)$	残差 $\pi(k)$	
2	92	96	-4	0.04
3	87	85	2	0.02
4	84	82	2	0.02
5	80	75	5	0.07
平均相对误差率		0.05		

注：平均相对误差率$=1/n-1\sum\limits_{k=2}^{n}\Delta(k),\pi(k)=x_0(k)-\hat{x}_0(k),\Delta(k)=\left|\pi(k)\right|/x_0(k)$

一般来讲，最常用的精度检验指标是平均相对误差率[13]，根据临界值把精度等级分为四级，1 级代表很高、2 级代表高、3 级代表一般、4 级代表较差，精度等级的划分取决于临界值，临界值不同，同等级精度不一样，临界值设置越小，同等级模拟精度越高，为较为准确地对应急物流状态终止时机进行决策，本书临界值取值尽可能小，以保证模拟精度，如表 9-4 所示。

表 9-4　精度检验等级

模拟精度等级	平均相对误差临界值
1 级	0.02
2 级	0.05
3 级	0.08
4 级	0.10

根据表 9-4，用 GM(1,1)恐慌度预测模型模拟结果与原恐慌度序列值的平均相对误差为 0.05～0.02，精度等级为 1～2 级，模拟精度较高，可以用作恐慌度预测，预测结果如表 9-5 所示。

表 9-5　恐慌度预测结果

周期	群体恐慌度预测值
6	78
7	69
8	60
9	57
10	51
11	46

从表 9-5 预测结果可知，群体恐慌度在第 9 周期时为 57，并呈稳定递减趋势，恐慌度进入可接受范围，说明应急物流状态应在第 8 周期终止，也就是在灾害发生 24 天后终止应急物流，转为平常物流状态，开始启动灾后恢复重建工作。

9.5　结　束　语

应急物流状态的终止问题是应急终止机制研究的重要内容，通过分析灾后群体恐慌度受应急资源约束时与应急物流状态的关系，并用灰色系统理论建立恐慌度几何曲线与应急物流状态曲线高度相似的灰色综合关联度检验模型；然后，运用 GM(1,1)建立了恐慌度预测模型，模拟案例表明用恐慌度预测模型的模拟精度高、效果较好，能为灾害应急决策者在选择应急物流终止时机时提供参考，但由于灾害的突发性和不确定性所引起的群体恐慌动因是复杂多变的，在以后的研究中还需要把更多的影响因素结合起来考虑，使预测出的应急物流终止时机更为可靠。同时，本书的恐慌度曲线和应急物流状态曲线主要根据两个地区的数据拟合而成，其曲线的可靠性还需更多的样本做进一步考量。

第10章 灾害应急状态终止的随机决策与仿真

　　应急状态的终止属于应急响应机制的最后一环，也是应急管理从应急紧张状态转为应急平稳状态并进入常态的关键，过早或过晚结束都可能导致严重的次生灾害和巨大的财物浪费。灾害发生后，随着灾情的逐步明朗和救援工作的不断推进，应急决策机构应及时收集相关信息对本次应急终止时间进行有效评估和监控，这对统筹应急物资筹集与调运、加快灾害救援进程、降低应急成本和减少社会不稳定因素起着至关重要的作用，同时也为灾后恢复重建工作的启动提供决策依据。目前，在灾害救援实践中，对应急终止时间的选择更多的是依赖经验，缺乏可信的判断依据，这无疑给整个救援目标的实现带来重大风险，也给整个救援指挥和协调工作增加了难度，增加了次生灾害发生的危险。因此，深入探讨应急状态终止问题不仅对正确终止应急过程十分必要，而且对提高灾害救援效率具有重要意义。

　　应急状态终止问题属于应急管理机制的研究范畴。目前，国内外学者关于应急管理机制的研究成果主要集中于以下方面。①对应急管理机制基本框架的研究。闪淳昌等[152]以应急管理全过程为主线，提出应急管理机制建设的 20 个具体内容；韩传峰等[153]提出预警、处置、信息传递等 8 个应急管理机制，并运用系统工程理论构建了机制间多层递阶的 ISM 解释结构模型；钟开斌[154]根据机制所体现的不同功能将应急机制划分为社会动员、恢复重建和灾害应急评估等 9 种机制。②众多学者从不同方法上对单个机制进行了大量研究，如 Guy[155]从信息流的角度对应急联动决策进行了研究；Fiedrich 等[156]从应急物资动员机制的角度提出震后应急物资优化配置及响应模型；陈德豪等[157]提出了大型居住区突发事件预警机制；陈安等[124]基于有限情形的秘书问题，从效益指标的最大化角度提出了应急最优停止的理论模型，并将应急终止机制作为应急管理的重要内容，认为应急终止问题是联接应急响应机制和灾害重建机制的纽带。从以上文献来看，尽管众多学者在研究应急管理机制构成内容和单个机制的实现方法上做了很多探讨，但鲜有涉及应急状态终止问题，已有的文献也主要从影响应急状态的单因素角度对应急最优停止机制进行设计，很难用于实践指导中，而且也是基于随机效益值为已知情况下寻找最优停止时间的，这对事中紧急救援决策指导意义有限。

　　鉴于此，本书从影响应急终止状态的多因素角度，综合运用马尔可夫决策和最优停止理论构建有限情形的应急状态终止模型，并用仿真实例验证模型的可行性和有效性，为应急管理实践提供理论依据和方法支持，尤其对提高灾害救援效率和有效预测应急物资需求与筹集总量具有重要意义。

10.1　应急状态终止的马尔可夫性

10.1.1　基本思想

灾害发生以后，从紧急救援到应急终止构成复杂的应急系统，该系统的状态可用一些指标来反映，并具有可调整性。当系统运行效率不高时，一般要寻找影响系统效率的因素，然后对其进行改善，以提高应急系统效率，该过程为应急系统的调整过程。应急系统因受应急能力和各种不确定因素的制约，其整体效率变动是一个随机过程，一般会从期望应急效率状态转移到低应急效率状态，然后经过不断调整再恢复到期望应急效率状态，如此往复，直到应急系统的整体运行效率达到稳定状态并终止应急过程，这种从一种状态转移到另一种状态的特性是一个随机过程，符合马尔可夫性。

在马尔可夫过程中，给定系统的初始状态，如果把时间 n 看成"现在"，把时刻 $0,1,\cdots,$ $n-1$ 看成过去，把时刻 $n+1$ 看成"将来"，那么马尔可夫性说明，在已知系统"现在"所处状态条件下，系统"将来"到达某种状态的条件概率与"过去"所经历的状态无关，系统根据一定的概率分布在各个状态之间转移，"将来"的状态具有随机性，这跟应急系统因应急能力和不确定因素制约造成应急效率的随机性类似，故用马尔可夫过程来解决应急状态终止问题是可行的。用马尔可夫链决策方法构建应急状态终止模型，重要的是寻找应急系统各个状态达到稳定状态所经历的时间，此时各个衡量指标分布概率为常数，各指标状态值均服从指数分布[158]，这是运用马尔可夫链方法解决应急状态终止问题的一个基本假设，其基本思想为：设 Ω 为样本空间，P 为 Ω 上的概率测度，现考察具有离散时间参数、离散状态空间的随机过程 $X=\left\{X_n; n\in N^+\right\}$，$X_n\in E$，参数集 $N^+=\left\{0,1,2,\cdots\right\}$，状态空间 $E=\left\{0,1,2,\cdots\right\}$ [159-161]。对于 $X=\left\{X_n; n\in N^+\right\}$，对所有 $j\in E$ 及 $n\in N^+$ 有

$$P\left\{X_{n+1}=j\mid X_0,X_1,X_2,\cdots,X_n\right\}=P\left\{X_{n+1}=j\mid X_n\right\} \tag{10-1}$$

式(10-1)为随机过程 X 的马尔可夫链，等价于对任意的 $n\in N^+$，任意 $i_0,i_1,\cdots,i_n$，$j\in E$ 有

$$P\left\{X_{n+1}=j\mid X_0=i_0; X_1=i_1,i_2,\cdots; X_n=i_n\right\}=P\left\{X_{n+1}=j\mid X_n=i_n\right\}=p_{ij}^{(1)}(n) \tag{10-2}$$

式(10-2)描述了随机过程 X 在时刻 n 从状态 i 出发，经 1 步到达状态 j 的转移概率。同样，根据随机过程 X 的马尔可夫性，当 X 在时刻 n 从状态 i 出发，经 k 步到达状态 j 的转移概率可表达为

$$p_{ij}^{(k)}(n)=P\left\{X_{n+1}=j\mid X_n=i\right\} \qquad (i,j\in E, n\geqslant 0) \tag{10-3}$$

描述式(10-2)、式(10-3)概率性质的是齐次马尔可夫链的初始概率分布和转移概率矩阵，针对式(10-2)设齐次马尔可夫链的初始概率分布为

$$\boldsymbol{P}\left\{X_0=i\right\}=p_i^0 \qquad (p_1^0\geqslant 0 \text{且} \sum_{i\in E}p_i^0=1) \tag{10-4}$$

则对任意的 $m\in N^+$ 及 $i_0,i_1,\cdots,i_m\in E$，有

$$\boldsymbol{P}\left\{X_0=i_0; X_1=i_1,i_2,\cdots; X_m=i_m\right\}=p_{i_0}^{(0)}p_{i_0i_1}p_{i_1i_2}\cdots p_{i_{m-1}i_m} \tag{10-5}$$

式(10-5)表明，一旦初始分布 $\{p_i^{(0)}\}$ 及转移概率矩阵 $\boldsymbol{P}$ 确定，$X_0,X_1,\cdots,X_m$，$m\in N^+$ 的有限维联合分布就可以完全确定，同样根据转移概率及全概率定理可以确定多步转移概率。若系统经过 k 步转移后存在极限 $\lim\limits_{k\to\infty}p_{ij}^k=c_j$，$c_j$ 为一常数，则非负序列 $c=(c_1,c_2,\cdots)$ 为 $\{X_n\}$ 的稳态分布。

根据灾害自身特点和应急状态指标波动的随机性，应急状态终止的最优时间必须在整个应急系统趋于稳定前的某个时间点或时间区间内求解，过早或过晚结束都不利于灾害应急效益的最大化。以上马尔可夫链基本思想为解决应急状态终止问题提供了理论方法，探讨应急状态的终止，首先就是要获取整个应急系统经若干步状态转移后达到稳态分布时所经历的时间点，然后根据最优停止理论在这个稳态时间点前确定最优终止时间。

10.1.2　应急状态衡量指标

一般来讲，灾害初期应急响应需要一定时间，加之无法及时获取灾区信息，众多灾区需求无法快速满足，此时应急处于高度紧张状态；随着灾害救援的展开，灾区信息快速掌握，相比灾害初期，应急能力快速提升，灾区需求满足加快，应急相继进入平稳和终止状态，故可把应急状态划分为应急紧张、应急平稳两种有限状态，其有限状态空间为 $E=\{0,1,2\}$。为全面衡量应急状态全过程，指标的选取必须突出灾害救援任务和目标，并能贯穿状态转移的全过程且相对独立。因此，应急状态衡量指标应主要从灾害本身控制、需求提供和人员临时安置(包括陆续救出的埋压伤亡人员的安置)、应急成本和社会影响因素等方面提取。其中，社会影响因素(如公众恐慌度)一般持续时间较长，很难定量考察，而且在有限的应急期间恐慌度变动除受灾害等级、救援效率等因素影响之外，主要是通过长期自我调节和心理援助等方式予以消除，故本书不将社会因素作为应急状态衡量指标。根据灾害应急的弱经济性特点，应急成本也不宜作为影响应急状态衡量的指标。综上，本书将灾害蔓延、应急物资需求满足和灾区人员临时安置选作灾害应急状态衡量指标(图10-1)。

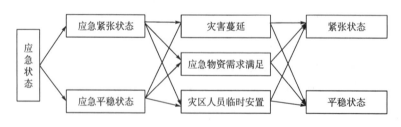

图 10-1　灾害应急状态划分图

在应急状态发生概率计算方法上，灾害蔓延指标是指灾害发生后导致灾害影响范围或损失继续蔓延或扩大的因素，可根据前期统计数据或参照案例将单位时间发生的情况，按一定规则划分为两个等级(应急紧张状态和应急平稳状态)，并分别统计每个状态等级发生的频率，如洪灾，可先将单位时间内扩大的受灾面积划分为两个等级，然后把每个等级上出现的频率作为转移概率，没发生计为零；同理，疫情灾害可按感染人数变动来计量，地震灾害按灾后发生的余震次数来计量；应急物资需求满足是指每次应急物资供给量与需求量的比率，其状态发生概率的计算方法与灾害蔓延指标类似；灾区人员临时安置指标主要是对比单位时间实际安置人数和计划安置人数，将比率按不同状态划分为两个等级，并将每个等级上统计出的频率作为状态转移概率。

10.2　应急状态终止的马尔可夫链决策过程

10.2.1　基本假设

（1）设应急状态的马尔可夫链向量为 $\left\{\xi_n^1,\xi_n^2,\xi_n^3\right\}$，其中 ξ_n^1 为灾害蔓延的马尔可夫链，ξ_n^2 为应急物资需求满足的马尔可夫链，ξ_n^3 为灾区人员临时安置马尔可夫链。如果一次转移概率 $P(n,1)$ 与 n 无关，马尔可夫链向量 $\left\{\xi_n^1,\xi_n^2,\xi_n^3\right\}$ 为时齐马尔可夫链，记一次转移概率为 $P(1)$，即对任意非负正整数有 $P(n,1)=P_{ij}(1)$，$i,j=1,2$。

（2）设应急紧张状态的概率为 $P(X=1)$，应急平稳状态的概率为 $P(X=2)$。

（3）设灾害蔓延在两种状态之间的一步转移概率元素分别为 ε_{11}、$1-\varepsilon_{11}$ 和 ε_{21}、$1-\varepsilon_{21}$，应急物资需求满足在两种状态之间的一步转移概率元素分别为 η_{11}、$1-\eta_{11}$ 和 η_{21}、$1-\eta_{21}$，灾区人员临时安置在两种状态之间的一步转移概率元素分别为 μ_{11}、$1-\mu_{11}$ 和 μ_{21}、$1-\mu_{21}$。

10.2.2　应急状态终止的最优停时决策

1. 最大计划停止时间的确定

从以上可知，应急系统有两种状态和 3 个衡量指标，设 P_{ij}、P_{ij}^1 和 P_{ij}^2 分别代表灾害蔓延、应急物资需求满足和灾区人员临时安置指标在两种状态间转移的概率矩阵，其 k 步转移向量矩阵为

$$P_{ij}(k)=\begin{bmatrix}\left(P_{11}(k)\quad P_{12}(k)\right)&\left(P_{11}^1(k)\quad P_{12}^1(k)\right)&\left(P_{11}^2(k)\quad P_{12}^2(k)\right)\\\left(P_{21}(k)\quad P_{22}(k)\right)&\left(P_{21}^1(k)\quad P_{22}^1(k)\right)&\left(P_{21}^2(k)\quad P_{22}^1(k)\right)\end{bmatrix}\tag{10-6}$$

式中，$P_{ij}^s(k)=P\left\{X_{m+k}^s=j_{m+k}^s\middle|X_m^s=i_m^s\right\}$，$(i,j=1,2;s=1,2,3;k=1,2,\cdots)$ 且 $0\leqslant P_{ij}^s(k)\leqslant 1$，$\sum\limits_{j=1}^3 P_{ij}^s(k)=1$。

假设应急系统的初始状态为 $P(X_0)=\left[P(X_0=1)P(X_0=2)\right]$，经过 n 单位时间段的转移后，应急的状态向量为 $P(X_n)=\left[P(X_n=1)P(X_n=2)\right]$，由 C-K（Chapman-Kolmogorov）方程[162]有

$$P(X_n)=P(X_0)P(n)=P(X_0)\left[P(1)\right]^n\tag{10-7}$$

故经过 n 阶段后，应急状态的概率分布可由初始状态和一步转移概率算出。由以上所

给条件可推出 $P(X_n)$ 的分布函数表达式：

$$P(X=1) = P(X_n=1, X_{n-1}=1) + P(X_n=1, X_{n-1}=2)$$

$$= P(X_n=1|X_{n-1}=1)P(X_{n-1}=1) + P(X_n=1|X_{n-1}=2)P(X_{n-1}=2)$$

$$= \left[P_{11}P(X_{n-1}^1=1) \cdot P_{11}^1 P(X_{n-1}^2=1) \cdot P_{11}^2 P(X_{n-1}^3=1)\right] + \left[P_{11}P(X_{n-1}^1=2) \cdot\right.$$

$$\left. P_{11}^1 P(X_{n-1}^2=2) \cdot P_{11}^2 P(X_{n-1}^3=2)\right]\varepsilon_{11} \cdot \eta_{11} \cdot \mu_{11} P(X_{n-1}^1=1)P(X_{n-1}^2=1)P(X_{n-1}^3=1)$$

$$\varepsilon_{21} \cdot \eta_{21} \cdot \mu_{21}\left\{\left[1-P(X_{n-1}^1=1)\right]\left[1-P(X_{n-1}^2-1)\right] \cdot \left[1 \quad P(X_{n-1}^3-1)\right]\right\}$$

$$= \left\{\left[(\varepsilon_{11}-\varepsilon_{21})P(X_{n-1}^1=1)+\varepsilon_{21}\right] \cdot \left[(\eta_{11}-\eta_{21})P(X_{n-1}^2=1)+\eta_{21}\right]\right.$$

$$\left. \cdot \left[(\mu_{11}-\mu_{21})P(X_{n-1}^3=1)+\mu_{21}\right]\right\}$$

$$= \left\{(\varepsilon_{11}-\varepsilon_{21})^2 P(X_{n-2}^1=1)+\varepsilon_{21}\left[1+(\varepsilon_{11}-\varepsilon_{21})\right]\right\} \cdot \left\{(\eta_{11}-\eta_{21})^2 P(X_{n-2}^2=1)\right.$$

$$\left. +\eta_{21}\left[1+(\eta_{11}-\eta_{21})\right]\right\} \cdot \left\{(\mu_{11}-\mu_{21})^2 P(X_{n-2}^3=1)+\mu_{21}\left[1+(\mu_{11}-\mu_{21})\right]\right\}$$

$$\cdots\cdots$$

$$= \left\{\left[\left(P(X_0^1=1)-\frac{\varepsilon_{21}}{\varepsilon_{11}+\varepsilon_{21}}\right) \cdot (\varepsilon_{11}-\varepsilon_{21})^n\right] + \frac{\varepsilon_{21}}{\varepsilon_{11}+\varepsilon_{21}}\right\}$$

$$\cdot \left\{\left[\left(P(X_0^2=1)-\frac{\eta_{21}}{\eta_{11}+\eta_{21}}\right) \cdot (\eta_{11}-\eta_{21})^n\right] + \frac{\eta_{21}}{\eta_{11}+\eta_{21}}\right\}$$

$$\cdot \left\{\left[\left(P(X_0^3=1)-\frac{\mu_{21}}{\mu_{11}+\mu_{21}}\right) \cdot (\mu_{11}-\mu_{21})^n\right] + \frac{\mu_{21}}{\mu_{11}+\mu_{21}}\right\} \tag{10-8}$$

同理

$$P(X_n=2) = \left\{\left[P(X_0^1=2)-(1-\varepsilon_{11})\right] \cdot (\varepsilon_{11}-\varepsilon_{21})^n + (1-\varepsilon_{11})\right\}$$

$$\cdot \left\{\left[P(X_0^2=2)-(1-\eta_{11})\right] \cdot (\eta_{11}-\eta_{21})^n + (1-\eta_{11})\right\}$$

$$\cdot \left\{\left[P(X_0^3=2)-(1-\mu_{11})\right] \cdot (\mu_{11}-\mu_{21})^n + (1-\mu_{11})\right\} \tag{10-9}$$

重大灾害发生后，应急指挥中心采取紧急救援的概率为百分之百，故可设定应急初始状态的概率分布为

$$P(X_0) = \left[(1 \quad 1 \quad 1)(0 \quad 0 \quad 0)\right] \tag{10-10}$$

则有

$$P(X_n) = \left[P(X_n=1), P(X_n=2)\right]$$

$$= \left\{\left[\frac{\varepsilon_{11}}{\varepsilon_{11}+\varepsilon_{21}} \cdot (\varepsilon_{11}-\varepsilon_{21})^n + \frac{\varepsilon_{21}}{\varepsilon_{11}+\varepsilon_{21}}\right] \cdot \left[\frac{\eta_{11}}{\eta_{11}+\eta_{21}} \cdot (\eta_{11}-\eta_{21})^n + \frac{\eta_{21}}{\eta_{11}+\eta_{21}}\right]\right.$$

$$\cdot \left[\frac{\mu_{11}}{\mu_{11}+\mu_{21}} \cdot (\mu_{11}-\mu_{21})^n + \frac{\mu_{21}}{\mu_{11}+\mu_{21}}\right] \cdot \left[(\varepsilon_{11}-1) \cdot (\varepsilon_{11}-\varepsilon_{21})^n + (1-\varepsilon_{11})\right]$$

$$\left. \cdot \left[(\eta_{11}-1) \cdot (\eta_{11}-\eta_{21})^n + (1-\eta_{11})\right] \cdot (\mu_{11}-1) \cdot (\mu_{11}-\mu_{21})^n + (1-\mu_{11})\right\} \tag{10-11}$$

式 (10-11) 为随机过程 X 经过 n 个有限单位时间后应急状态的概率向量，不论应急初始状态为 1 或者 2，经过若干个有限单位时间的概率转移后，应急状态处于 1 或者 2 的概率将随之趋于稳态且稳态概率与初始状态无关。设稳态状态下的概率为 π，当应急系统达到稳定状态时，有条件 $\lim\limits_{n \to \infty} P(X_n) = \lim\limits_{n \to \infty}\left[P(X_n=1), P(X_n=2) \right] = \pi$ 成立。也就是经过若干个单位时间段后寻找出应急系统达到稳态时的概率 π，此时达到 π 所经历的总时间 N（这里 N 为总天数，由应急系统达到稳态时历经的总时间段 n 乘以单位时间段所代表的天数）为应急终止的最大时间点，即每个衡量指标达到平稳状态后的稳态概率为

$$\lim_{n \to \infty} P(X_1 = 2) = \lim_{n \to \infty}\left[(\varepsilon_{11} - 1) \cdot (\varepsilon_{11} - \varepsilon_{21})^n + (1 - \varepsilon_{11}) \right] \tag{10-12}$$

$$\lim_{n \to \infty} P(X_2 = 2) = \lim_{n \to \infty}\left[(\eta_{11} - 1) \cdot (\eta_{11} - \eta_{21})^n + (1 - \eta_{11}) \right] \tag{10-13}$$

$$\lim_{n \to \infty} P(X_3 = 2) = \lim_{n \to \infty}\left[(\mu_{11} - 1) \cdot (\mu_{11} - \mu_{21})^n + (1 - \mu_{11}) \right] \tag{10-14}$$

整个应急系统达到稳态时的状态向量为

$$\begin{aligned}
\lim_{n \to \infty} P(X_n) = \lim_{n \to \infty} &\left\{ \left[\frac{\varepsilon_{11}}{\varepsilon_{11} + \varepsilon_{21}} \cdot (\varepsilon_{11} - \varepsilon_{21})^n + \frac{\varepsilon_{21}}{\varepsilon_{11} + \varepsilon_{21}} \right] + \left[\frac{\eta_{11}}{\eta_{11} + \eta_{21}} \cdot (\eta_{11} - \eta_{21})^n + \frac{\eta_{21}}{\eta_{11} + \eta_{21}} \right] \right. \\
&+ \left[\frac{\mu_{11}}{\mu_{11} + \mu_{21}} \cdot (\mu_{11} - \mu_{21})^n + \frac{\mu_{21}}{\mu_{11} + \mu_{21}} \right] \cdot \left[(\varepsilon_{11} - 1) \cdot (\varepsilon_{11} - \varepsilon_{21})^n + (1 - \varepsilon_{11}) \right] \\
&+ \left. \left[(\eta_{11} - 1) \cdot (\eta_{11} - \eta_{21})^n + (1 - \eta_{11}) \right] + \left[(\mu_{11} - 1) \cdot (\mu_{11} - \mu_{21})^n + (1 + \mu_{11}) \right] \right\} = \pi
\end{aligned}$$

$$\tag{10-15}$$

根据灾害应急特点，灾害应急状态达到稳态分布所转移的阶段是应急状态终止的时间点，但不是最优终止时间点。因为每次灾害的发生都不可能恢复到原来状态，灾害的发生容易给灾区带来社会系统的紊乱和生命财产的损失，每次应急救援的主要任务都是在灾害蔓延相对静止的条件下全力抢救伤员、最大限度满足灾区需求、救出埋压人员、解决人员临时安置和预防次生灾害发生等，这些目标的最终实现是需要较长时间才能达到的，尤其是灾区需求的最大限度满足。因此，当应急状态达到稳态，说明灾区应急工作达到了常规计划状态，而常规计划状态也表明应急状态结束，否则灾害应急仍会处于相对紧张状态，故应急系统达到稳态时的时间可看作灾害最大计划停止时间 N，而灾害应急的最优停止时间即包括在 N 内。

2. 最优停止时间的确定

应急终止决策的目标是首先找到应急系统达到稳态所经历的总时间 N，然后在 N 前决策出最优停止时间，以使灾害应急效益达到最大化，进而为应急物资需求预测和灾区恢复重建工作启动提供决策依据。应急状态终止的最优停止问题是典型的随机决策问题，重点研究如何在 $(0, N)$ 内选择一个时间点或区间作为灾害应急的最优停止时间，只有选择了这样的最优停止时间才能达到灾害时间效益最大化和损失最小化的目标。有了上述的 N，接下来就是在 $(0, N)$ 的区间内决策出应急终止的最优停止时间。

(1) 最优停止问题的基本假设[163-165]。

①设 (Ω, F, P) 是一个完备的概率空间，$(F_n)_1^\infty$ 是一列递增的 F 的子 σ 代数，对 $\forall n$，有 $F_n \subseteq F_{n+1}$。在灾害应急中，Ω 可表示应急状态的全体集合，F 表示每种事件的集合，P 表示对 F 中每种事件发生的概率进行测度，满足条件 $P(\Omega) = 1$。

②设一列随机变量 $(X_n)_{n=1}^\infty$，称为报酬函数序列。对每一个 n，X_n 是 F_n 可测的，记 $X_n \in F_n$，称 $\{X_n, F_n\}_{n=1}^\infty$ 为随机序列，称取值为 $\{1, 2, \cdots, +\infty\}$ 的随机变量 t 为停时，若有 $\forall n$，$\{\omega : t = n\} \in F_n$ 成立，还有 $P(t < \infty) = 1$，则称 t 为停止规则，全体停时记为 $\bar{H}$，全体停止规则记为 H。

通常我们序贯地观察到随机变量 $y_1, y_2, \cdots, y_n$，报酬函数序列 X_n 与 $y_1, y_2, \cdots, y_n$ 对应且已知，即有 $F_n = \sigma(y_1, y_2, \cdots, y_n)$。记 $\bar{M} = \{t \in \bar{H} : EX_t^- < \infty\}$，$M = \{t \in H : EX_t^- < \infty\}$，称 $V = \sup_{t \in M} EX_t$，$\bar{V} = \sup_{t \in \bar{M}} EX_t$ 为随机序列 $\{X_n, F_n\}_{n=1}^\infty$ 的值且 $V = \bar{V}$。在应急状态最优停止问题中，$(X_n)_{n=1}^\infty$ 可定义为在 N 天内每一个停止决策点前 n 天 $(n \leqslant N)$ 的应急效益值所组成的应急报酬序列 X_n（也可称为应急效益序列），每个应急报酬序列 X_n 是按从大到小形成一系列递增的 F_n 的子 σ 代数，F_n 则指的是从 1 到 $+\infty$ 中的一个个递增的子事件集，而报酬函数序列 X_n 与之一一对应，并可测；如果我们能够找到一些时刻 t，它首先满足不在未来无穷远处停止，也就是说事件一定会在有限时间内停止，而这样的时刻至少存在一个，这些 t 就是应急终止的最优停止时间集合。

以上假设可知，要对应急状态终止进行最优决策，首先要解决报酬序列的状态衡量指标并确定最优决策标准，其次分别确定每个最优标准的停止规则及算法，最后对应急状态的最优停时进行决策。

(2) 应急效益衡量指标及最优标准的提出。前面用马尔可夫链对应急状态进行随机决策时，用了 3 个伴随灾害应急状态的衡量指标（灾害蔓延、应急物资需求满足和灾区人员临时安置），这 3 个衡量指标的确定主要以应急的主要任务为出发点，当应急状态的随机变量趋于稳态时所确定的 N 应为最大计划停止时间，在其他条件不变情况下，这个 N 是包括最优停止时间的，不应是最优停止时间点，而应急效益衡量指标以救灾效益最大化为目标，在指标提取上既要体现影响灾害应急状态的关键因素，又要考虑影响灾害应急效益最大化的指标，同时还利于指标的定量。通常来看，时间和成本是影响灾害应急效益的关键指标，尽管灾害应急具有弱经济性特点，但在保证时间效益优先前提下，注重灾害应急成本是十分必要的，也是以后应急管理研究的重要方向之一。

设在灾害应急中，每天都有应急物资提供，每天都有应急成本发生。应急时间效益指标主要表现在应急物资的及时提供上，当应急物资需求提出后，应急系统快速高效地提供所需应急物资，这是保证灾害应急任务顺利完成的决定性指标之一，故应急物资平均满足时间 (M_t) 是其衡量指标之一，平均应急物资满足时间越短，时间效益值越大；应急成本效益指标主要由应急物资运输成本和应急物资成本组成，数据统计时，按每天的发生成本加总即可，故应急成本 (C) 也应是关键衡量指标（表 10-1），应急成本越小，应急成本效益值越大。由于 M_t、C 指标在整个灾害应急中具有相对独立性，很难用一个综合指标来统一计量，只能根据最优停止规则分别决策，为了简便，这里重点介绍 M_t 指标的最优停止方法，在最后决策时只需比较两指标在分别决策时的最优停止时间，选取最大的停止时间作为应急状态终止的最优停止时间，因为只有这两个指标全部达到最优后才可以结束应急状态，否则，灾害应急效益不能达到最优。

表 10-1　应急终止最优停止决策的衡量指标

状态指标	数据构成要素	统计方法	转化为报酬指标
M_t	每次应急物资从提交需求计划开始计时，直到配送到灾区所用时间	M_t =每次应急物资到货时间总和/需求次数	M=1/ M_t
C	每天发生的运输成本、应急物资成本	C =每天运输成本+应急物资成本	Q=1/ C

记 $M(1), M(2), \cdots, M(N)$ 为 M 在 N 天内取值的一个降序排列，属于绝对排名，其中 $M(1)$ 最大，$M(N)$ 最小；这个绝对排名只有 N 结束后才可以得到，在进行随机决策时我们并不能事先知道这个绝对排名，做决策时只能对已过去的 n 天进行排名，这样一来每次决策时会得到一列相对排名，也就是说，每次随机决策会得到一个 $1, 2, \cdots, N$ 的任意排列，随机决策的目的就是要找到效益值最大且排名靠前的概率最大。若存在连续两天以上报酬函数相同，在排序上仍依次排列即可，若其中 1 天正好为最优停止时间，那么决策时在连续时间中任确定 1 天即可，这在实际情形中一般很难出现，因为在灾害应急中，众多不确定因素会造成每天的应急物资平均满足时间的不同。这样一来，应急状态终止的最优停止问题就转化为求解以下两个标准问题。

标准一：使应急终止时间选在 M 最大的概率最大；

标准二：使应急终止时间选在 M 绝对排名的平均值最小。

(3) 两个标准停止规则的构造[166-168]。令 $\Omega = (a_1, a_2, \cdots, a_N)$，其中 $(a_1, a_2, \cdots, a_N)$ 是 $(1, 2, \cdots, N)$ 的一个排列；$y_n = (a_1, a_2, \cdots, a_n)$，$a_n$ 的相对名次为 y_n 中小于 a_n 的个数，设 $F_n = \sigma(y_1, y_2, \cdots, y_n)$。

①对标准一，取报酬序列

$$\bar{X}_n = \begin{cases} 1, & a_n = 1 \\ 0, & a_n \neq 1 \end{cases} \tag{10-16}$$

但它不满足 F_n 可测的要求，令

$$X_n = P(a_n = 1 | F_n) \qquad (n = 1, 2, \cdots, N) \tag{10-17}$$

对任意停止规则 t，有

$$EX_n = \sum_{n=1}^{N} \int_{[t=n]} X_n = \sum_{n=1}^{N} \int_{[t=n]} P(a_n = 1 | F_n) = P(a_t = 1) \tag{10-18}$$

式中，$P(a_t = 1)$ 表示选择停止规则 t 时，M 恰好排名第一的概率，也就是 M 最大的概率，于是 $\{X_n, F_n\}$ 的最优停止问题的最优规则应为

$$L = \inf\{n \geq r^* : y_n = 1\} \tag{10-19}$$

其中，

$$r^* = \inf\left\{r \geq 1 : \frac{1}{r} + \frac{1}{r+1} + \cdots + \frac{1}{N-1} \leq 1\right\} \tag{10-20}$$

满足此条件的最小 r 也就是 r^* 的取值，符合式 (10-19) 的 r^* 后第一个最大的 M 所对应的时间 t 即为应急最优终止时间。为了计算简便，也可以通过对式 (10-19) 求极限求得 r^*，由式 (10-20) 有下式成立：

$$\sum_{d=r^*}^{N-1} \frac{1}{d} \leq 1 < \sum_{d=r^*-1}^{N-1} \frac{1}{d} \tag{10-21}$$

于是有

$$\int_{r^*}^{N} \frac{1}{y} \mathrm{d}y = \sum_{d=r^*}^{N-1} \int_{d}^{d+1} \frac{1}{y} \mathrm{d}y \leq 1 < \int_{r^*-1}^{N-1} \frac{1}{y} \mathrm{d}y \tag{10-22}$$

从而有 $\lim\limits_{N \to \infty} \ln \dfrac{N}{r^*} = 1$。

即有

$$\lim_{N \to \infty} \frac{r^*}{N} = \frac{1}{e} \tag{10-23}$$

从式 (10-23) 可知，已知 N 的取值，可直接求出 r^*，而不用在 $(0, N)$ 内逐一取值代入式 (10-20) 求 r^*。

②对标准二，取报酬序列

$$X_n = -\frac{N+1}{n+1} y_n \tag{10-24}$$

最优规则为

$$W = \inf\{n \geq 1 : y_n \leq W_n\} \tag{10-25}$$

式中，$W_n = \left[-\dfrac{n+1}{N+1} \cdot V_{n+1}\right]$，$n = N-1, N-2, \cdots, 1$；$W_n = 0$。

$$V_N = -\frac{N+1}{2} \tag{10-26}$$

$$V_n = -E\left[\frac{n+1}{N+1} y_n \wedge (-V_{n+1})\right] \tag{10-27}$$

式中，$1 \leq n \leq N-1$。这里 $a \wedge b$ 表示 $\min(a, b)$，此时满足 W 规则的时间点 t_n 为应急终止最优时间。

证明：①$V_N = EX_N = -Ey_n = -\dfrac{N+1}{2}$，这里 y_n 序列相互独立。

②现用后退归纳法可证 $W = \inf\{n \geq 1 : y_n \leq W_n\}$ 最优规则的成立。$\gamma_n = X_n \wedge E\gamma_{n+1}$，$n = 1, 2, \cdots, N-1$。

设

$$W_n = -\left[\frac{n+1}{N+1} V_{n+1}\right] \qquad (W_N = 0; \ n = 1, 2, \cdots, N-1)$$

则

$$V_n = -E\left[\frac{n+1}{N+1}y_n \wedge (-V_{n+1})\right] = -\frac{1}{n}\sum_{j=1}^{n}\left\{\frac{N+1}{n+1}j \wedge (-V_{n+1})\right\}$$

$$= -\frac{1}{n}\cdot\frac{N+1}{n+1}\sum_{j=1}^{n}j \wedge \left[-\frac{n+1}{N+1}\cdot V_{n+1}\right]$$

$$= -\frac{1}{n}\left\{\frac{N+1}{n+1}(1+2+\cdots+W_n+(n-W_n)(-V_{n+1}))\right\}$$

所以，最优规则为 $\sigma_1^N = \inf\{n \geqslant 1 : X_n = \gamma_n\} = \inf\left\{n \geqslant 1 : \frac{N+1}{n+1}y_n \leqslant -V_{n+1}\right\} = \inf\{n \geqslant 1 : y_n$

$\leqslant W_n\} = W_n$ 成立。

根据以上证明，可设计出如下求解标准二的算法：

Input : N

① $V_N = -\dfrac{N+1}{2}$

② $n = N-1$

③ $W_n = -\left[\dfrac{n+1}{N+1}V_{n+1}\right]$　　　$(n = N-1, N-2, \cdots, 1)$

④ $V_n = -\dfrac{1}{n}\left[\dfrac{N+1}{n+1}(1+2+\cdots+W_n+(n-W_n)(-V_{n+1}))\right]$

⑤ $t_n = \text{int}\left(-\dfrac{n+1}{N+1}V_{n+1}\right)$

⑥ $n = N-2$

⑦ if $n \geqslant 1$ then go back③，or go to⑧

⑧end

Output : t_n

输出结果中，所有出现 $t_n = 1$ 对应的时间点为应急状态终止的最优时间点，这些时间点形成了时间区间，记为 (a,b)。

(4) 应急终止决策。在应急状态终止决策中，上述两个标准的最优规则既可以单独使用，也可以相互补充，单独用标准一时，在确定 r^* 后，我们立即知道 $\text{int}\left[r^*\right]$ 前不宜终止，只有在 $\text{int}\left[r^*\right]$ 后第 1 次出现最大时间效益值 M 所对应的时间 t 时，我们才有理由终止应急状态，这个 t 的确切值只有在事后才能明确，这对事后灾害应急评估有较大作用，但对应急物资需求预测和对灾害中后期进行统筹安排的指导作用不大。因此在实践中，知道了 N 和 r^* 后，应急终止时间的决策范围已经大大缩小了，这时可采取案例验证的方法估计出 $\text{int}\left[r^*\right]$ 后第 1 次出现最大 M 的时间，也可以取 $(\text{int}\left[r^*\right], N) \bigcap (a,b)$ 交集的时间区间，记为 (c,d)，然后取 c,d 的均值作为最优终止时间。

同理，按照以上决策方法，可决策出成本效益的最优停止时间。在决策时，两个效益指标所得出的终止时间不一定相同，决策时只有在两个效益指标都达到最优停止状态时才可以终止应急状态，但根据灾害应急特点，一般应以时间效益指标的最优停止时间为准。

10.3 实例仿真及分析

现以 2008 年 "5·12" 汶川地震部分重灾区为例。实例仿真分为两个阶段。一阶段用马尔可夫链模型寻找应急状态达到稳态时的最大应急终止时间点 N，规定初始阶段以 5 天为 1 个单位。在指标状态划分上，"灾害蔓延指标" 主要统计 5 月 13～17 日的余震次数，其仿真数据如表 10-2 所示，并根据 1980 年编制的《中国地震烈度表》中所列举的不同地震烈度的影响，规定每日发生 2 次 5 度以上地震和 1 次 6 度以上地震为应急紧张状态，其余为应急平稳状态；"应急物资需求满足指标" 主要统计初始阶段每次应急物资及时提供量与需求量的比值，为了简化数据收集难度，这里选用最能影响应急状态的医用物资作为仿真数据，并规定满足率平均为 75% 以下为应急紧张状态，满足率平均为 76% 以上为应急平稳状态，在实际地震救援中，这个规定是比较合理的，仿真数据如表 10-3 所示；"灾区人员临时安置指标" 主要统计初始阶段计划安置人数与实际安置人数的比值(包括当天救出的伤亡人员的安置)，规定 84% 以下为应急紧张状态，85% 以上为应急平稳状态，仿真数据如表 10-4 所示。二阶段是求解最优终止时间，这阶段只需根据 N 按两个标准的最优规则求解即可。

表 10-2 "5·12" 汶川地震 5 月 13～17 日余震统计 　　　　　　　　(单位：次)

日期	发生次数		
	6.0 级以上	5.0～5.9 级	4.0～4.9 级
5 月 13 日	1	5	41
5 月 14 日	0	2	16
5 月 15 日	0	1	10
5 月 16 日	0	1	10
5 月 17 日	0	2	11

数据来源：中国地震台网中心，http://www.csndmc.ac.cn/newweb

表 10-3 "5·12" 汶川地震初始阶段医用物资供需统计

日期	药品/件		医疗器械/件		消杀物资/t	
	需求计划	实际调配	需求计划	实际调配	需求计划	实际调配
5 月 13 日	—	—	47308.97	2880.00	5.39	4.00
5 月 14 日	2397.80	1.20	554.72	0.00	0.01	0.00
5 月 15 日	4403.31	4360.00	19340.67	183.00	11.81	3.10
5 月 16 日	7184.87	4040.90	4955.20	2754.80	14.18	9.10
5 月 17 日	15565.27	13903.09	4134.30	4134.30	173.87	115.52

数据来源：根据需要将文献[175]中的 "接受" 栏替换为本表的 "需求计划" 栏

表 10-4 "5·12"汶川地震初始阶段灾区临时人员安置情况(5 月 13～17 日)

临时安置计划次数/次	每次期望临时安置人数/万人	每次实际临时安置人数/万人
1	112	87.34
2	78	71.12
3	123	103.33
4	118	101.12
5	132	89.23
6	147	98.56
7	120	77.05

数据来源：根据中国新闻网、四川新闻网、《新周刊》、新华网及新浪网相关数据整理而成；统计方法是以每次需求的板房和帐篷的数量乘以每单位能安置的人数作为期望临时安置人员数量，将实际调配到灾区的数量乘以单位能安置人数作为实际完成的临时安置人员数量

(1)一阶段：应急状态的稳态随机分布。根据表 10-2～表 10-4 数据，计算各状态指标在初始阶段的频率，得到应急状态的一步转移概率矩阵向量：

$$P_{ij}(1) = \begin{bmatrix} (0.33 \quad 0.67) & (0.75 \quad 0.25) & (0.5 \quad 0.5) \\ (0.5 \quad 0.5) & (0.5 \quad 0.5) & (0.33 \quad 0.67) \end{bmatrix}$$

则有，$\varepsilon_{11} = 0.33$，$1-\varepsilon_{11} = 0.67$，$\varepsilon_{21} = 0.5$，$1-\varepsilon_{21} = 0.5$；$\eta_{11} = 0.75$，$1-\eta_{11} = 0.25$，$\eta_{21} = 0.5$，$1-\eta_{21} = 0.5$；$\mu_{11} = 0.5$，$1-\mu_{11} = 0.5$，$\mu_{21} = 0.33$，$1-\mu_{21} = 0.67$。

根据式(10-12)～式(10-14)，可以分别得出各衡量指标状态转移的仿真图(图 10-2～图 10-4)。

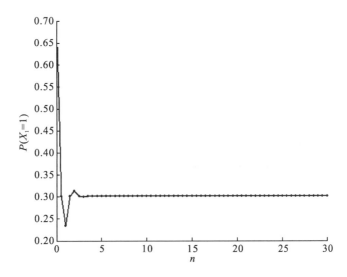

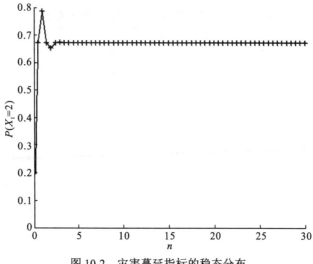

图 10-2　灾害蔓延指标的稳态分布

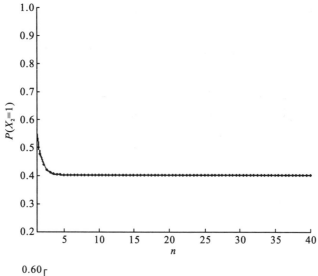

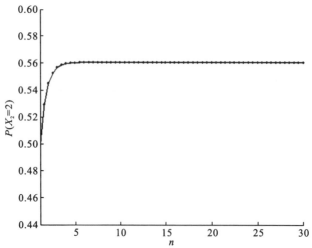

图 10-3　应急物资需求满足指标的稳态分布

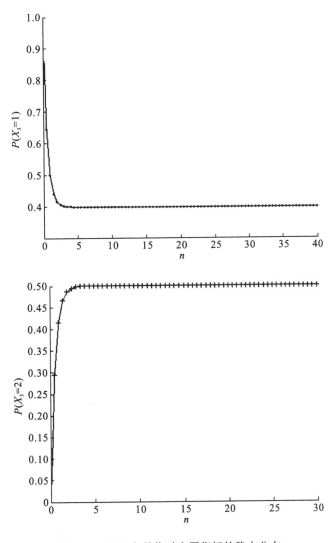

图 10-4 灾区人员临时安置指标的稳态分布

由图 10-2～图 10-4 可知，灾害蔓延指标状态达到稳定分布后，$P(X_1=1)$=0.33，$P(X_1=2)$=0.67，历经 11 个单位时间段的转移，共 55 天；应急物资需求满足指标状态达到稳定分布后，$P(X_2=1)$=0.4，$P(X_2=2)$=0.56，历经 13 个单位时间段的转移，共 65 天；灾区人员临时安置指标状态达到稳定分布后，$P(X_3=1)$=0.4，$P(X_3=2)$=0.5，历经 11 个单位时间段的转移，共 55 天。3 个状态指标中，应急物资需求满足达到稳定分布的时间较长，为加快应急状态终止速度，需重点从提高应急物资筹集与配送能力入手。但单个指标达到稳态后不能作为应急系统的最大计划停止时间，只有应急系统的状态达到一个相对静止的稳态后才可以确定应急终止的最大计划时间 N，故根据式(10-15)得出如下应急系统的状态转移概率分布曲线(图 10-5)。

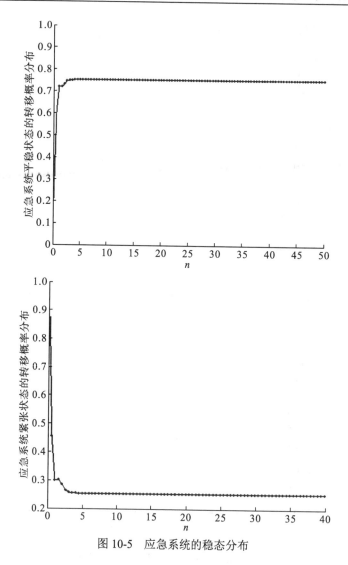

图 10-5   应急系统的稳态分布

从图 10-5 可知，应急系统历经 15 个单位时间段的概率转移后应急紧张状态和应急平稳状态的概率分布呈现稳态分布，此时 $P(X_n=1)=0.25$，$P(X_n=2)=0.75$，最大应急计划停止时间 $N=75$。

（2）二阶段：应急状态终止的最优停止决策。

①按标准一的最优停止规则计算最优终止时间 l。可不用按式（10-20）进行迭代求取最优停止的关键变量 r^*，直接将 $N=75$ 代入式（10-23）就可求得 $r^*=27.59$。根据标准一，在前 27 天不能做出应急状态终止决策，只有在 27 天后出现最大的时间效益值 M（应急物资平均满足时间 M_t 最小）的第 1 天（l）应急状态才可以终止，此时的 M 相对于已经发生天数是最大值，并非绝对排名，故选取 27 天后第 1 天出现最大 M 时，终止的概率最大，为 0.276。

②按标准二的最优停止规则计算最优终止区间 (a,b)。根据标准二算法设置程序语言，输出如下仿真结果（表 10-5）。

表 10-5　V_n、t_n 输出情况

n	V_n	t_n
75	−38.000	
74	−28.627	37
…	…	…
39	−4.023	2
38	−3.965	2
37	−3.912	1
…	…	…
23	−3.410	1
22	−3.405	1
21	−3.400	0
…	…	…
1	−3.400	0

由表 10-5 知，随着 N 逐一递减，V_n 增大的同时，对应的 t_n 相对名次逐渐靠前，当 t_n 取值为 1 时，V_n 最大。进一步由表 10-5 可以看出，t_n 取值为 1 所对应的时间序列为 $\{22,23,\cdots,37\}$，说明应急状态终止的最优停止时间应选择在 $(a,b)=(22,37)$，此区间中排名最大的 M 所对应的时间点即为最优终止时间；前 21 天中所有 t_n 取值为 0，说明前 21 天不应终止应急状态。

③应急状态终止决策。由标准一求出最优停止时间的关键变量为 $r^*=27.59$，表明前 27 天不应做出应急状态终止决策，由标准二求出的最优停止时间范围为 $(a,b)=(22,37)$，表明应急终止时间应在此范围内选择。决策时，标准二可作为标准一的验证，两种标准可以单独使用，但无论采用哪种标准进行决策，都需要寻找出第 1 次出现的最大时间效益值，因为事前并不知道每天的效益值，故只能通过不断缩小时间范围来提高决策的准确度，在方法上可综合标准一和标准二的结论，取 $\left(\text{int}\left[r^*\right],N\right)\bigcap(a,b)$，记为 (c,d)，则有 $(c,d)=(27,37)$，这样，可进一步缩小决策范围；理论上，只要在此区间找出第 1 次出现的最大效益值，则所对应的时间就可大致确定为应急终止时间，在实践中，可把区间的中间点确定为应急终止时间，然后以此为依据展开后续各项应急任务的统筹与协调，提高灾害应急的效益。同理，可决策出成本效益的最优停止时间。如果采用两个衡量指标分别决策的最优停止时间不同，一般应以时间效益指标决策结果为准，这符合灾害应急特点。

10.4　结　　论

本书根据应急状态变化的随机性特点，综合运用马尔可夫链决策方法和最优停止理论对灾害应急状态的终止问题进行研究，通过构建应急状态终止的随机决策模型，分阶段对应急状态终止时间进行决策，仿真实例表明该决策方法具有较高的理论与实用价值。

(1)运用马尔可夫链决策过程对应急状态终止的最大计划停止时间 N 进行了研究。首先将应急状态划分为应急紧张状态和应急平稳状态两类，然后用灾害蔓延、应急物资需求满足和灾区人员临时安置三个状态指标综合衡量应急状态，利用应急随机变量的马尔可夫性得出各指标和应急系统经 n 阶转移后各指标状态达到稳态分布的函数表达式，为寻找最大计划停止时间 N 提供理论依据。

(2)将最优停止理论引入应急终止决策中，提出两类求解最优停止时间的标准和方法，为在 $(0, N)$ 寻找最优停止时间提供保证，并从灾害应急的时间效益和成本效益的角度构建应急终止的最优停止模型，有效地将应急终止时间的决策范围大大缩小。

(3)实例仿真表明，通过先确定最大计划停止时间 N，再在 $(0, N)$ 中寻找最优停止时间的关键变量，最后验证估计最优停止时间点的方法实用可行且决策结果较为准确。

影响应急状态终止的指标很多，本书只从易于统计的几个指标入手，这样会降低灾害应急状态终止决策的准确性，而且在最优停止理论的引入中只从单因素的角度构建理论模型，模型运行结果只能决策出最优停止时间的关键变量，不能决策出关键变量后第 1 次出现最大效益值的时间，下一步研究需配合精度较高的预测手段实现应急状态终止更为有效的决策。

第四部分

几类应急系统的评价方法与应用

第11章 基于改进 PP 法的农村环境
承载力风险评价

承载力研究起源于生态学，最初用于计算草场的最大载畜量[169]。随着可持续发展研究的兴起，农村承载力与环境学紧密结合，成为研究人类活动与农村环境关系的重要方面。近几年，大多学者主要集中于环境承载力定义、环境承载力评价指标体系及环境承载力评价方法等方面的研究。在环境承载力定义研究方面，Daily 等[170]、叶文虎等[171]、Arrow 等[172]从人口、可持续与承载力关系提出环境承载力概念；黄敬军等[173]从资源保障和环境安全角度将环境承载力定义为区域资源环境系统所能承受人类各种社会经济活动的能力；高吉喜[174]从生态破坏和环境污染角度将环境承载力定义为在不超出生态系统弹性限度条件下，环境子系统所能承受的污染物数量，以及可支撑的经济规模与相应人口数量。目前，对环境承载力并未有统一的定义，不同学者通常根据自己的研究需要从不同角度进行定义，这些定义都体现了环境承载力维持稳定的最低承受限度特征。据此特征，本书从农村公共安全角度，将农村生态环境承载力定义为在不破坏生态社会系统服务功能的前提下，生态系统所能承受的人类活动的强度，它是农村公共安全建设的核心内容。在环境承载力评价指标体系研究方面，皮皮等[175]、Ehrlich[176]、Kuylenstierna 等[177]、Joardar 等[178]、Rijsbermana 等[179]从压力、状态、响应 3 个子系统提出了 26 个环境承载力评价指标；洪阳等[180]从自然资源支持力、环境生产力和经济社会技术水平 3 个维度提出环境承载力评价指标体系；闫建新等[181]从农村公共安全角度将土地、人口、生态环境、水资源、基础设施、经济社会等指标作为衡量农村环境承载力的关键指标，并用实例进行了验证。从文献可知，大多学者从自然属性、社会属性和环境承载系统本身三方面提取评价指标，这为本书指标体系构建提供了参考，但从农村公共安全角度构建环境承载力风险指标的成果不多。在环境承载力评价方法方面，大多学者采用统计学、GIS 空间数据分析、聚类分析、运筹学等方法对环境承载力进行评价，如李影[182]采用多指标面板数据的聚类分析方法，以环境承载力为视角对 29 个省市进行区域划分；王奎峰等[183]采用综合指数加权方法，利用 GIS 空间数据对山东半岛环境承载力进行评价；刘明等[184]运用模糊物元模型对 2002～2013 年重庆市资源环境承载力进行了评价，从文献可知，尽管众多学者采用不同定量方法对环境承载力进行了评价，但评价更多是对历史数据分析的结果，很难对环境承载力的风险等级做出判断，也不能对未来环境承载力变动趋势做出预测，这在很大程度上制约了农村公共安全管理。

基于以上文献分析，本书从农村公共安全视角出发，围绕生态承载力、基础设施承载力、社会承载力和人口承载力 4 个维度，构建农村环境承载力风险评价指标，在此基础上，提出基于改进投影寻踪的农村环境承载力风险评价模型。本书研究的创新在于从农村公共安全视角提出能够影响农村环境承载力的评价指标体系，并将投影寻踪方法、信息扩散理论和风险熵方法运用到风险评价模型构建中，目的在于既能对农村环境承载力风险预警，又能动态预测农村环境承载力发展态势。

11.1　环境承载力风险评价指标体系

在指标体系构建上，本书遵循完备性、数据可获得性、可比性的原则[185]，在参考文献[186-188]的基础上，依据公共危机管理理论、环境承载力理论，选取生态承载力、基础设施承载力、社会承载力、人口承载力 4 个维度 25 个初选指标；然后，通过文献调查、专家问询等方式，对初选指标进行补充，在 25 个初选指标基础上，增加人均纯收入、每百人拥有公安管理员 2 个指标，共 27 个初选指标。为进一步验证初选指标的代表性和相对独立性，本书采取主成分分析方法(PCA)对初选指标进行筛选，找出各成分贡献率和累计贡献率，然后根据各成分贡献率大小排序，选出累计贡献率为 87%～98%的指标作为最终评价指标。通过 PCA 分析，指标的累计贡献率达到所设阈值，各成分指标一致，说明本书提出的评价指标具有很好的代表性。最终确定出 4 个维度 15 个农村环境承载力风险评价指标(图 11-1)。

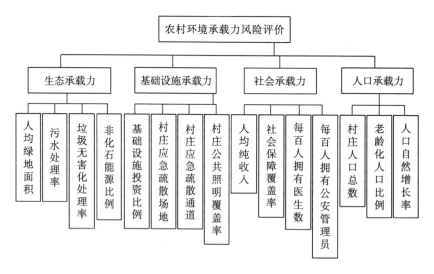

图 11-1　农村公共安全环境承载力风险预警指标体系

根据图 11-1 指标体系，可收集历年面板数据用于分析，其中人口自然增长率表示人口自然增长的程度，其计算方式为：当年出生人口数/(当年平均人口数－死亡人口数)×100%；老龄化人口比例的计算方式为：当年 60 岁以上年末人口数/年末人口总数×100%；农民人均纯收入指农户当年从各个来源得到的总收入扣除所发生的费用后的收入总和，其计算方式为：人均纯收入=总收入－家庭经营费用支出－税费支出－生产性固定资产折旧−赠送农村内部亲友；非化石能源是指非煤炭、石油和天然气等长时间地质变化形成，只供一次性使用的能源类型外的能源，其计算方式为：非化石能源比例＝非化石能源消费/一次能源消费×100%；垃圾无害化处理率计算方式为：无害化垃圾处理数量/垃圾总量×100%；人均绿地面积是指农村绿地面积总和除以当年平均人口数；社会保障覆盖率＝新农合参保人数/（新农合应参保人数+退休人数）×100%；基础设施投资比例＝基础设施投资/总投资×100%。

11.2　基于风险熵的评价模型构建

基本思路是：①将具有时间序列的农村环境承载力样本集进行归一化处理，然后采取灰色关联分析方法确定 4 个维度和所属下级指标的权重，在此基础上计算 4 个维度的综合指数；②采用投影寻踪模型，在确定最佳投影方向后将各维度综合指数投影到一维子空间以获取一维投影值序列，并借助四分位风险划分方法，将农村环境承载力风险划分为 4 个等级；③采用回归分析方法，将一维投影值与时间序列进行拟合，得到一维投影值的回归预测曲线，以此曲线来预测未来年度的投影值（投影值综合反映了农村环境承载力风险）；④采用信息扩散理论将一维投影值所携带的风险扩散到 4 个风险等级上，以此判断农村环境承载力在各风险等级上发生的概率；⑤通过风险熵方法计算农村环境承载力的风险熵值，以此预测农村环境承载力风险发展趋势。

建模过程包括以下 7 步。

步骤 1：样本集归一化处理与指标权重确定。设各指标值的样本集为 $N=\left\{x^{*}(i,j)\big|i=1,2,\cdots,n;j=1,2,\cdots,k\right\}$，其中，$x^{*}(i,j)$ 为第 i 个样本的第 j 个指标，n、k 分别为样本容量和指标个数。为消除量纲和统一指标变化范围，采用如下公式进行归一化处理。

对正向指标：

$$x(i,j)=\frac{x^{*}(i,j)-\min x(j)}{\max x(j)-\min x(j)} \tag{11-1}$$

对负向指标：

$$x(i,j)=\frac{\max x(j)-x^{*}(i,j)}{\max x(j)-\min x(j)} \tag{11-2}$$

式中，$\max x(j)$、$\min x(j)$ 分别为第 j 列指标的最大值和最小值，$x(i,j)$ 为指标特征值归一化后的序列。

对归一化处理后的各级指标采用灰色关联分析方法确定 4 个维度下每个指标的权重，其计算公式为

$$\xi_{ij}=\frac{\min\limits_{i=1}^{m}\left\{\min\limits_{j=1}^{n}\left(\left|z_{ij}-z_{oj}\right|\right)\right\}+\eta\max\limits_{i=1}^{m}\left\{\max\limits_{j=1}^{n}\left(\left|z_{ij}-z_{oj}\right|\right)\right\}}{\left|z_{ij}-z_{oj}\right|+\eta\max\limits_{i=1}^{m}\left\{\max\limits_{j=1}^{n}\left(\left|z_{ij}-z_{oj}\right|\right)\right\}} \tag{11-3}$$

式中，ξ_{ij} 为关联系数，反映第 i 个比较序列 X_i 与参考序列 X_0 在第 j 个指标上的关联程度。z_{ij} 为标准化处理值，z_{oj} 为参考值。η 为分辨系数，取值范围为 $(0,1)$，η 取值越小，关联系数间的差异越大，分辨能力越强，通常取值 $\eta = 0.5$。

各维度所属下级指标权重计算公式为

$$w_j = \frac{\xi_{ij}}{\sum\limits_{j=1}^{k} \xi_{ij}} \tag{11-4}$$

式中，w_j 为各维度所属下级指标的权重。

步骤 2：各维度综合指数计算。为准确反映公共安全中农村环境承载力各维度综合指数，本书以各维度的综合指数为依据测量农村环境承载力风险等级，其计算式为

$$M_j(W) = \sum_{j=1}^{m} Z_j W_j \tag{11-5}$$

式中，M_j 为各维度综合指数，W_j 为各维度下二级指标权重向量，Z_j 为各维度归一化处理后向量。

步骤 3：采用投影寻踪模型获取 k 维度指标一维投影值。首先确定最佳投影方向，最佳投影方向就是最大限度暴露多维数据结构特征的投影方向，不同投影方向反映不同数据结构特征，一般采取求解投影指数函数最大化方法寻找最佳投影方向[186-189]。

$$\max A(a) = S \times D \tag{11-6}$$

$$\text{s.t.} \quad \sum_{j=1}^{k} a^2(j) = 1 \quad (0 \leqslant a(j) \leqslant 1)$$

式中，S 为投影值 $z(i)$ 的标准差，D 为投影值 $z(i)$ 的局部密度，即

$$S = \sqrt{\frac{\sum\limits_{i=1}^{n} \left[z(i) - E(z) \right]^2}{n-1}} \tag{11-7}$$

$$D = \sum_{i-1}^{n} \sum_{j=1}^{k} ((R - r(i,j) \times u(R - r(i,j)) \tag{11-8}$$

式中，$E(z)$ 为 $z(i)$ 的平均值，R 为局部密度窗口半径，$r(i,j) = z(i) - z(j)$ 表示样本间的距离，$u(t)$ 为单位阶跃函数，当 $t \geqslant 0$ 时，$u(t) = 1$；当 $t < 0$ 时，$u(t) = 0$。

式 (11-6) 为复杂非线性优化方程，用常规优化方法难以解决，本书采用模拟生物优胜劣汰规则与群体内部染色体内部交换机制的加速遗传算法予以解决，当目标函数 $A(a)$ 达最大时得到最佳投影方向 $a(j)$。加速遗传算法优化式 (11-6) 的方法如下。

(1) 初始化变量 a 的变化空间的离散和二进制编码。设编码长度为 e，把每个变量 w_j 的初始化区间 $[0,1]$ 等分成 $2^e - 1$ 个子区间，则

$$w_j = I_j d_j \quad (j = 1, 2, \cdots, n) \tag{11-9}$$

式中，子区间长度 $d_j = 1/(2^e - 1)$ 为常量，搜索步数 I_j 为小于 2^e 的任意十进制非负数整数，是变量。

经过编码，变量的搜索空间离散成 $(2^e)^n$ 个网格点，它对应 n 个变量的一种可能取值状态，并用 n 个 e 位二进制数 $\{ia(j,k)|j=1,2,\cdots,e;k=1,2,\cdots,e\}$ 表示：

$$I_j = \sum_{k=1}^{e} ia(j,k) \times 2^{k-1} \qquad (j=1,2,\cdots,n) \tag{11-10}$$

经过式(11-9)、式(11-10)编码，n 个变量 w_j 的取值状态、网格点、个体、n 个二进制数 $\{ia(j,k)\}$ 之间可建立一一对应关系。

(2)初始父代群体的随机生成[190-193]。设群体规模为 q，从上述 $(2^e)^n$ 个网格点中均匀随机选取 q 个点作为初始父代群体。生成 q 组[0,1]区间上的均匀随机数，每组 n 个，即 $\{u(j,i)|j=1,2,\cdots,n;i=1,2,\cdots,q\}$，经式(11-11)转换得到相应的随机搜索步数：

$$I_j(i) = \text{int}\big(u(j,i)\big) \times 2^n \qquad (j=1,2,\cdots,n;i=1,2,\cdots,q) \tag{11-11}$$

(3)二进制解码和父代个体适应度。把父代个体编码串 $ia(j,k,i)$ 经过式(11-9)、式(11-10)解码成优化变量 $w_j(i)$，把 $w_j(i)$ 按以下公式进行归一化处理：

$$w_j(i) = w_j(i) \bigg/ \sum_{j=1}^{m} w_j(i) \tag{11-12}$$

(4)父代个体的概率选择。取比例选择方式，个体 i 的选择概率为

$$p_i' = Q_i(a) \bigg/ \sum_{i=1}^{q} Q_i(a) \tag{11-13}$$

(5)父代个体的杂交[194-196]。由上述(3)得到两组父代个体随机两两配对，成为 q 对双亲，将双亲的二进制数组的任意一段值互换，得到两组子代个体。

(6)子代个体的变异。设变异率为 p_m，任取(5)中一组子代个体，将其二进制数组的任意两个值以概率 p_m 进行翻转，即原值为 1 的变为 0，原值为 0 的变为 1。

(7)迭代。根据(6)所得到的 q 个子代个体作为新的父代，然后转入(3)，进入下一次进化过程，如此往复两次，优秀个体将逼近最优点。

(8)加速循环[197]。经过两次进化迭代所获取的优秀个体，将其变量区间作为新的初始变化区间，进入(1)，如此加速循环直到投影指标函数 $A(a)$ 趋于稳定时结束运行，此时 $A(a)$ 达到最大，所获取的投影向量 $a=(a(1),a(2),\cdots,a(p))$ 为最佳投影方向。

经过以上(1)～(8)优化过程后得到最大投影指标函数最大值和最佳投影方法，然后将 k 维数据 $\{x(i,j)|j=1,2,\cdots,k\}$ 按最佳投影方向 $a(j)$ 投影到一维空间得到一维投影值 $z(i)$，其计算式为

$$z(i) = \sum_{j=1}^{k} a(i,j) x(i,j) \tag{11-14}$$

步骤 4：根据投影值划分风险等级。一维投影值 $z(i)$ 综合反映了 k 维度指标的综合风险度，本书采取四分位风险划分方法将农村环境承载力划分为 4 个等级，即Ⅳ级为极高风险、Ⅲ级为高风险、Ⅱ级为中等风险、Ⅰ级为低风险。其划分办法是：首先，将所有 $z(i)$ 进行升序排列，设定 $z(i)_{max}$ 为最高风险上限值、$z(i)_{min}$ 为最低风险下限值、中位数 $z(i)_{med}$

为中等风险临界值；其次，找出 $z(i)_{max}$ 和 $z(i)_{med}$ 序列中的中位数 $z^*(i)_{med}$、$z(i)_{med}$ 和 $z(i)_{min}$ 序列的中位数 $z^{**}(i)_{med}$，其风险等级划分如表 11-1 所示。

表 11-1　农村环境承载力风险等级划分

风险等级	I 级	II 级	III 级	IV 级
区间值	$(z(i)_{min}, z^*(i)_{med})$	$(z^*(i)_{med}, z(i)_{med})$	$(z(i)_{med}, z^{**}(i)_{med})$	$(z^{**}(i)_{med}, z(i)_{max})$
标准值	$(z(i)_{min}+z^*(i)_{med})/2$	$(z^*(i)_{med}+z(i)_{med})/2$	$(z(i)_{med}+z^{**}(i)_{med})/2$	$(z^{**}(i)_{med}+z(i)_{max})/2$

步骤 5：$z(i)$ 与时间序列 $p(i)$ 的拟合。采用回归分析方法，将时间序列 $p(i)$ 与投影值 $z(i)$ 进行拟合，建立 $p(i)$ 和 $z(i)$ 之间的回归预测曲线 $z^*(i)=f(p(i))$，并对 $z^*(i)$ 的精度进行检验，检验合格后的曲线 $f(p(i))$ 作为一维投影值的预测曲线。

步骤 6：风险信息扩散[198]。采用信息扩散理论，将 $t-n$ 时刻至 t 时刻的一维投影值 $z(i)$ 所携带的风险信息扩散到 4 个风险等级上，并将风险等级值落在 4 个风险等级上的频率作为 $t+1$ 年度的风险等级发生的概率 $p(t)$。进一步可将预测的投影值扩散到 4 个风险等级上，为判断风险发展趋势提供依据。

步骤 7：计算 $t+1$ 时刻风险熵 I_{t+1}[199-201]。将步骤 6 中 4 个风险等级概率值代入式(11-15)并逐年计算风险熵，然后根据逐年风险熵值预测农村环境承载力风险发展趋势。若以某个风险等级为基础，风险熵值呈现逐年上升趋势，说明农村环境承载力风险水平将越来越高，农村公共安全将出现威胁；若以某个风险等级为基础，风险熵值呈现下降趋势，说明农村环境承载力风险水平将越来越低，农村公共安全威胁越来越小；若以某个风险等级为基础，风险熵值呈现相对平稳趋势，说明农村环境承载力风险水平维持在该风险等级，进一步可根据风险熵值预测农村环境承载力风险变化总趋势。

$$I_{t+1} = -\sum_{k=1}^{w} P(t)\lg P(t) \tag{11-15}$$

11.3　实　证　分　析

四川省汶川县是 2008 年"5·12"汶川地震重灾区，恢复重建后，为评价农村公共安全现状，需要从农村环境承载力的角度评价制约农村公共安全的影响因素，通过风险等级评价和趋势预测，为地方公共安全管理部门制定预案提供依据。根据《四川统计年鉴》(2002~2016)、《绵阳市统计年鉴》(2002~2016)、《汶川地震灾后恢复重建农村建设专项规划》(2008)、《汶川县年鉴》(2002~2016)、《汶川县国民经济和社会发展统计年报》(2002~2016)收集整理出 2002~2016 年共 15 年汶川农村环境承载力样本数据，并按照式(11-1)~式(11-5)对样本数据进行处理后得到如表 11-2 所示 4 个维度的综合指数。

表 11-2　2002～2016 年汶川县公共安全农村环境承载力综合指数

年度	生态承载力	基础设施承载力	社会承载力	人口承载力
2002	0.045	0.012	0.027	0.022
2003	0.035	0.019	0.031	0.011
2004	0.050	0.023	0.018	0.033
2005	0.041	0.032	0.025	0.029
2006	0.038	0.015	0.026	0.016
2007	0.040	0.027	0.033	0.031
2008	0.009	0.003	0.011	0.005
2009	0.010	0.008	0.013	0.017
2010	0.027	0.033	0.022	0.023
2011	0.029	0.035	0.020	0.019
2012	0.031	0.029	0.026	0.028
2013	0.036	0.033	0.017	0.013
2014	0.032	0.024	0.028	0.033
2015	0.028	0.027	0.022	0.028
2016	0.037	0.035	0.031	0.027

11.3.1　2002～2016 年汶川县农村环境承载力风险等级判断

1. 最佳投影方向

将表 11-2 按式(11-1)再次进行归一化处理，采用基于加速遗传算法的投影寻踪模型寻找四维数据的最佳投影方向，其方案为：选定父代初始种群规模为 500，交叉概率为 $p_c = 0.8$、变异概率 $p_m = 0.8$、优秀个体数选定为 40 个，加速次数为 15 次，得出最佳投影方向各分量值 $\alpha = (0.269, 0.321, 0.418, 0.376)$。

2. 一维投影值与风险等级标准

将 α 代入式(11-14)可得四维数据的一维空间投影值：$z(i) = (1.2132, 0.8971, 2.1301, 0.2131, 1.1725, 0.2198, 0.2991, 0.9012, 1.7601, 1.3251, 2.0001, 1.8214, 1.6004, 1.9310, 1.9109)$。依据表 11-1 划分标准得出如表 11-3 所示的风险等级标准。

表 11-3　农村环境承载力风险等级标准

风险等级	Ⅰ级	Ⅱ级	Ⅲ级	Ⅳ级
风险水平	低风险	中等风险	高风险	极高风险
标准值	2.0157	1.5772	0.8221	0.3221

3. 风险等级判断

一维投影值实际反映了风险等级水平，一维投影值越大，说明承载力风险越小，其风险等级越小；反之，风险等级越大。在实际操作中，可采取"就近原则"判断投影值所反映的承载力风险等级，即距离某风险等级值最近，则判断为该就近风险等级，如投影值为0.7712，该投影值距离Ⅲ级风险标准值0.8221最近，可判断为风险Ⅲ级，即农村环境承载力风险水平为高风险。2002～2016年汶川县农村环境承载力风险等级如表11-4所示。

表 11-4　2002～2016 年汶川县农村环境承载力风险等级

年度	2002	2003	2004	2005	2006	2007	2008	2009	2010	2011	2012	2013	2014	2015	2016
风险等级	Ⅱ	Ⅲ	Ⅰ	Ⅳ	Ⅲ	Ⅳ	Ⅳ	Ⅲ	Ⅱ	Ⅱ	Ⅰ	Ⅰ	Ⅱ	Ⅰ	Ⅰ

11.3.2　风险趋势预测

1. 一维投影值预测曲线

采用回归分析方法，建立一维投影值 $z(i)$ 与时间序列 $p(i)$ 之间的函数关系：

$$z^* = -0.2134p^4 + 0.6120p^3 + 2.1002p^2 + 1.31 \tag{11-16}$$

对式(11-16)中的参数 z^*、p 之间的相关性进行检验，求得 $R^2 = 0.9889$，说明参数之间具有高度相关性，曲线拟合度很好，进一步对 z^* 的拟合精度进行检验，平均误差率为0.0271，说明曲线 z^* 可用作投影值预测，拟合结果如图11-2所示。

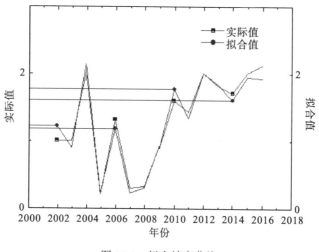

图 11-2　拟合精度曲线

2. 风险信息扩散与风险熵

依据信息扩散理论，农村环境承载力风险在各等级上所携带的信息一般是不同的，多维指标降维后的一维投影值综合体现了农村环境承载力风险等级的大小，把样本数据的一维投影值 $z(i)$ 进行信息扩散，可得汶川县 2002～2016 年农村环境承载力在 4 个风险等级上的概率值，如表11-5所示。

表 11-5　2002～2016 年汶川县农村环境承载力风险等级概率值

年度	风险等级			
	I	II	III	IV
2002	0.0887	0.7712	0.1321	0.0080
2003	0.0321	0.00561	0.8120	0.1503
2004	0.7901	0.2722	0.0623	0.0
2005	0.0	0.1389	0.2481	0.6121
2006	0.1117	0.7159	0.0781	0.0943
2007	0.0	0.0872	0.2003	0.7125
2008	0.0269	0.0112	0.0790	0.8829
2009	0.0	0.0116	0.2163	0.7721
2010	0.2119	0.7915	0.0034	0.0
2011	0.1991	0.8613	0.0604	0.0
2012	0.9111	0.0092	0.0797	0.0
2013	0.7927	0.1038	0.1035	0.0
2014	0.0091	0.8129	0.1780	0.0
2015	0.9007	0.0081	0.0912	0.0
2016	0.8779	0.0778	0.0443	0.0

将表 11-5 中各风险等级的概率值代入式(11-15)，逐年计算风险熵值(表 11-6)，以此反映汶川县 15 年来农村环境承载力风险发展趋势。

表 11-6　2002～2016 年汶川县农村环境承载力风险熵值

年度	2002	2003	2004	2005	2006	2007	2008	2009	2010	2011	2012	2013	2014	2015	2016
熵值	0.55	0.61	0.66	0.71	0.77	0.81	0.91	0.69	0.65	0.55	0.51	0.43	0.44	0.42	0.41

3. 未来 5 年风险预测

先提取 $T-15$ 年数据，采用以上方法预测 $T+5$ 年风险熵，首先依据式(11-16)预测 2017～2021 年一维投影值；然后，采用信息扩散理论将投影值扩散到 4 个风险等级上，并根据各等级上的概率值按式(11-15)逐年计算风险熵。风险熵的变动趋势反映了汶川县未来农村环境承载力风险发展趋势(图 11-3)，进一步根据趋势预测采取必要的措施，以加强农村公共安全建设和提升环境承载力。

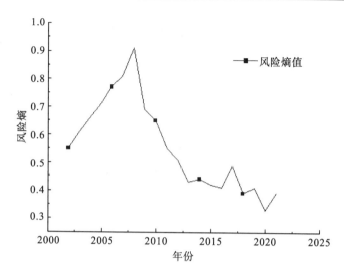

图 11-3　2002～2021 年汶川县农村环境承载力风险趋势

11.3.3　结果分析

1. 风险等级情况

由表 11-4 可知，汶川县农村环境承载力风险等级从 2002 年的中等风险逐渐走向 2008 年的极高风险，这一变化符合汶川县实际情形，进一步由表 11-2 各维度承载力指数可知，汶川地震发生以前，汶川县的环境承载力总体水平较高，汶川地震后，总体承载力指数较低，尤其是基础设施承载力、环境承载力和社会承载力严重制约了农村公共安全的稳定，在很大程度上影响了灾区社会经济秩序。随着灾后重建工作的进行，农村环境承载力风险等级逐渐降低，基本维持在中等风险、低风险水平，农村公共安全趋于稳定。通过预测可知，2017～2021 年汶川县农村环境承载力风险等级总体趋势为低风险，说明影响农村公共安全的环境承载力指标表现良好。

2. 风险变动趋势

从表 11-6 可知，2002～2008 年汶川县农村环境承载力风险逐年上升，说明农村环境承载力系统从规则状态向无规则状态发展，风险熵值逐年增加，2008 年汶川地震发生后，汶川县环境承载力降低，农村公共安全系统崩溃，直到政府采取强力干预措施，如灾区紧急救援、社会秩序维护、舆情正确导向和灾后恢复重建等，从 2009 年开始，汶川县农村环境承载力逐年提升，社会公共安全风险降低。由图 11-3 可知，未来 5 年汶川县农村环境承载力风险总体维持在低风险水平，社会公共安全基本稳定。进一步可看出，汶川农村环境承载力总体好于灾前，说明灾后汶川县农村公共安全建设成效显著。

11.4　结　　论

为有效评价农村环境承载力风险等级与发展趋势,本书提出基于改进投影寻踪的环境承载力评价模型,实证分析表明,所构建模型能够很好地对农村环境承载力风险进行有效预警和预测,研究结论如下。

(1)采用改进投影寻踪方法能够有效地将多维指标数据按最优投影方向进行一维投影,投影后形成的一维投影值能够综合反映农村环境承载力风险,实证结果表明,一维投影值所反映的综合信息与汶川县历年环境承载力风险情况基本相符,表明本书方法可行、有效。

(2)采用回归分析方法拟合一维投影值和时间序列两个决策变量,所形成的拟合曲线预测精度高、预测效果好。

(3)通过信息扩散方法将一维投影值所携带的信息扩散到 4 个风险等级上,能够反映农村环境承载力风险在各等级上发生的概率,这为决策部门提供了参考依据。通过风险熵能够反映出农村环境承载力系统无规则水平,这为预测提供了很好的方法借鉴。

第12章　突发事件网络舆情风险评价方法及应用

突发事件网络舆情是指民众以网络平台为工具，以可能或者已经发生的突发事件为话题发表信息，借以表达自己对突发事件的态度和看法，其深层原因反映网民与管理者之间在利益上的"非一致"状态[202]。近年来，我国突发事件网络舆情异常高涨，尤其是在复杂原因推动下的突发事件网络舆情呈现众多负效应，这在一定程度上增加了突发事件的应对难度，甚至造成严重的次生灾害。众多舆情危机事件表明，只有对网络舆情进行实时监控、正确引导和科学控制，才可能降低或避免因负面舆情带来的社会危害。

从研究现状来看，突发事件网络舆情的研究还处于起步阶段，研究成果较少，已有研究集中于突发事件网络舆情的扩散演化和传播规律等方面的研究。例如，Wei 等[203]根据危机信息发布的不同模式，构建微博危机信息扩散模型；Xia 等[204]提出政府利用微博平台高效应对突发事件的建议；赵金楼等[205]利用 SNA 研究突发事件网络舆情传播的结构特征；康伟[206]运用社会网络研究突发事件舆情网络传播结构对信息传播路径、传播速度和传播范围的影响；李勇建等[207]运用从属性层次分析方法建立突发事件信息传播主体的决策行为和博弈关系的结构化描述框架；Huo 等[208]以效用理论为依据，建立官方行为与突发事件谣言传播的交互模型；Zhao 等[209]针对谣言传播、突发事件和官方媒体三者之间的作用关系，构建了改进的交互模型；Zhang 等[210]提出了突发事件发展与谣言传播相互作用模型；Liu 等[211]基于传染病模型，研究了突发事件网络舆情的演化机制；孙佰清等[212]基于"六度分隔假说"、无尺度网络和小世界网络等社会网络理论，分析了重大突发公共危机网络舆情信息扩散演化过程，建立了基于 Agent 的网络舆情扩散模型；王治莹等[213]借鉴 SEIR 传染病模型的构建思路，结合舆情传播特点，设计了政府干预下的舆情传播控制系统。上述文献大多采用定量分析方法分析突发事件网络舆情传播和演化规律，这为决策部门科学管控舆情提供了决策依据。然而，应对突发事件网络舆情的关键在于事前预防，需要在充分认识舆情传播规律基础上对网络舆情可能带来的风险进行监测，以防止因负面舆情泛滥加重突发事件损失。目前，有少量文献针对突发事件网络舆情的热点、干预效果和监测等问题进行了研究，如张一文等[214]从突发事件的舆情事件爆发力、媒体影响力、网民作用力和政府疏导力 4 个维度提出 11 个二级指标和 28 个三级指标体系，并运用 AHP 法给出各级指标权重；王新猛[215]构建了基于马尔可夫的政府负面网络舆情热度趋势预测模型，并以 2013 年"延安城管暴力执法"舆情事件为例进行实证；刘锐[216]以我国 110 起重大舆情事件为研究样本，对影响政府干预舆情的效果因素进行了探索；兰月新[217]以新闻词频为研究对象，通过构建微分动力学模型探索舆情衍生规律、发展趋势及预警。这些研究很好地提出了突发事件网络舆情评价指标，但针对突发事件网络舆情风险预警问题很少涉及，这在较大程度上制约了官方媒体对突发事件网络舆情风险的正确判断。

基于现有研究，本书以突发事件网络舆情的风险预警为研究对象，通过对网络舆情传播机理分析，从 3 个维度提出风险预警指标，在此基础上从定量分析视角，运用能够有效处理高维数据和非线性正态评价问题的投影寻踪方法对突发事件网络舆情的风险进行定量分析后提出风险预警等级。

12.1　风险预警指标体系

根据韩立新等[218]的研究，网络舆情形成就是按时间顺序所呈现的舆情潜伏、扩散和消退三个阶段的舆情传播过程，其传播曲线呈 "S" 形（图 12-1），网络舆情风险一般处于舆情传播中的扩散前期和扩散后期阶段的转折点，如图 12-1 中的 N 点，N 点也是舆情高涨转折点，往往需准确判断后才能进行风险预警。

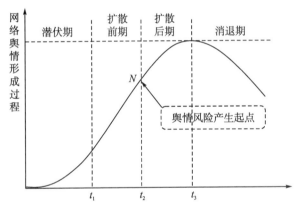

图 12-1　网络舆情传播过程

由图 12-1 可知，网络舆情传播需要一定过程，其风险产生和高涨的出现主要由舆情载体、舆情主体和舆情事件本身共同推动完成。突发事件是舆情产生的基础，属诱导因素，是网民情感释放的导火索；网络媒体是舆情产生的载体，属条件因素，是信息发布和公众情绪宣泄的平台；网民是舆情产生的主体，属推动因素，是网络信息的接受者，也是传播者。在风险预警指标设计上，本书围绕突发事件网络舆情产生的载体、主体和事件三者的作用力来设计，即网媒作用力、突发事件作用力和网民作用力 3 个维度。

（1）网媒作用力维度。从信息传播的角度来看，网络媒体是舆情风险产生的载体，对突发事件报道越多，越能引起网民的兴趣，其关注度、评论数、转发量一般也会不断增多，往往也滋生了不实谣言或负面消息，一般可采用新闻报道数量、质量两个指标进行衡量。

（2）突发事件作用力维度。网络舆情风险的产生总是在一定时空中进行的，由于突发事件涉及网民切身利益，具有比一般事件更强的刺激强度，舆情易于激发。依据舆情传播过程，突发事件作用力维度指标可采用事件易爆性、事中作用力、事末影响力 3 个指标来衡量。

（3）网民作用力维度。对于网民而言，网络成为他们传播信息的渠道，通过网络，他们可以表达个人见解、进行议论及发表评论，是衡量突发事件舆情风险的核心因素，一般采用网民情绪、网民态度、网民行为3个指标来衡量。

综上所述，本书提出评价突发事件网络舆情风险预警等级3个维度一级指标和8个二级指标，进一步通过文献调查、专家问询等方式将8个二级指标细分为14个初选指标。为验证初选指标的代表性和相对独立性，本书通过问卷方式获取了指标筛选的初始数据，经过对样本数据进行探索性检验后，运用主成分分析方法对初选指标进行筛选，找出各成分贡献率和累计贡献率，然后根据各成分贡献率排序，选出累计贡献率为85%~96%的指标作为最终评价指标。经主成分分析，指标的累计贡献率达到所设阈值，各成分指标一致，说明本书提出的评估指标具有很好的代表性，最终确定出3个维度10个风险预警指标（表12-1）。

表 12-1 突发事件网络舆情风险预警指标

维度指标	二级指标	数据获取方式
突发事件作用力	突发事件敏感度	根据突发事件类型分别赋值获取经验数据
	突发事件持续时间	根据持续时间赋值
	突发事件危害性	按危害等级赋值
	次生灾害发生可能性	专家赋值
网络媒体作用力	突发事件网媒平台数量	整个事件中参与网络媒体数量
	突发事件新闻报道次数	不同媒体新闻报道次数的总和
	报道内容全面性	专家赋值
网民作用力	网上行为强度	统计点击量、发帖量、回帖量、转发量
	网下行为强度	一周内网民讨论平均次数，800人抽样获取
	负面回帖总数	统计负面博文、负面回帖量、负面帖文转发量

表12-1既包括定性指标，又包括定量指标，本书所涉及的定性指标数据主要通过专家问卷的方式获取，定量指标通过搜集统计数据获取。其中，突发事件敏感度主要指事件的重大性，本书参考张亚明等[219]的研究，根据不同突发事件类型赋予不同敏感值来衡量突发事件敏感度，突发事件敏感度主要由公共安全类、生存危机类、分配差距类、贪污腐败类、公共生活类、时政法治类6个方面衡量，根据敏感程度赋值为：生存危机类赋值6、公共安全类赋值5、分配差距类赋值4、贪污腐败类赋值3、时政法治类赋值2、公共生活类赋值1；突发事件持续时间指从事件发生到处置结束所持续的时间。一般来讲，持续时间越长，舆情风险越大，根据历史事件处置时间，本书分为5个持续时间段，持续时间越长，赋值越高：1~5天赋值1、6~10天赋值2、11~15天赋值3、16~25天赋值4、26~35天赋值5。突发事件危害性赋值为：危害性很高赋值7、危害性高赋值5、危害性一般赋值3、危害性小赋值1。次生灾害发生可能性赋值为：可能性极高赋值5、高赋值3、一般赋值1。报道内容全面性赋值：全面赋值5、一般赋值3、不全面赋值1。

12.2　模　型　构　建

12.2.1　模型构建思想

基本思路是：将突发事件网络舆情风险预警指标作为高维数据，通过对构造的目标函数(投影指标函数)进行优化(为处理优化变量的复杂非线性问题，采用加速遗传算法对目标函数进行全局优化)，寻找出最佳投影方向，根据最佳投影方向将高维数据投影到低维子空间，得到各个样本在低维子空间的一维投影值，然后再将投影值与标准风险预警等级进行拟合，拟合曲线作为突发事件网络舆情风险预警的判定依据[220]。

12.2.2　模型构建步骤

步骤 1：突发事件网络舆情风险预警指标数据的归一化处理。为消除指标量纲不一和统一各指标的变化范围，按下式处理：

$$x(j,i) = \left[x^*(j,i) - \overline{x}_j \right] / s_j \tag{12-1}$$

式中，$x(j,i)$ 为归一化后的标准值，$x^*(j,i)$ 为第 j 个样本的第 i 个指标值，$\overline{x}_j = \dfrac{1}{n}\sum\limits_{j=1}^{n} x^*(j,i)$ 为第 j 列指标的样本均值，$s_j = \sqrt{\dfrac{1}{n-1}\sum\limits_{j=1}^{n} x^*(j,i) - \overline{x}_j}$ 为 j 指标的样本标准方差。

步骤 2：构造投影指标函数。设突发事件网络舆情风险预警等级及风险预警评价指标分别为 $y(i)$ 及 $\{x^*(j,i)\big| j = 1 \sim p\}, i = 1,2,\cdots,n$。其中，$n$、$p$ 分别为评价样本数和突发事件网络舆情风险预警指标数。设最低风险等级为 5，最高风险等级为 1，建立风险预警等级评价模型，就是建立 $\{x^*(j,i)\big| j = 1 \sim p\}$ 与 $y(i)$ 之间的数学关系。

投影寻踪方法就是将 p 维数据 $\{x^*(j,i)\big| j = 1 \sim p\}$ 综合成以 $a = (a(1),a(2),\cdots,a(p))$ 为最佳投影方向的一维投影值 $Z(i)$。

$$Z(i) = \sum_{j=1}^{p} a(j)x(j,i) \tag{12-2}$$

为尽可能携带评价指标 $\{x^*(j,i)\big| j = 1 \sim p\}$ 的变异信息，保证投影值对 $y(i)$ 有很好的解释性，要求投影值 $Z(i)$ 的标准差 S_z 以及 $Z(i)$ 和风险等级 $y(i)$ 的相关性尽可能大。投影指标函数可构造为

$$Q(a) = S_z \left| R_{ZY} \right| \tag{12-3}$$

式中，S_z 为投影值 $Z(i)$ 的标准差，R_{ZY} 为 $Z(i)$ 和 $y(i)$ 的相关系数。

标准差为

$$S_Z = \left[\sum_{j=1}^{n} \left(Z(i) - \overline{Z} \right)^2 \Big/ (n-1) \right]^{0.5} \tag{12-4}$$

相关系数：

$$R_{ZY} = \frac{\sum_{i=1}^{n} \left(Z(i) - \overline{Z} \right) \left(y(i) - \overline{y} \right)}{\left[\sum_{i=q}^{n} \left(Z(i) - \overline{Z} \right)^2 \sum_{i=1}^{n} \left(y(i) - \overline{y} \right)^2 \right]^{0.5}} \tag{12-5}$$

式(12-4)、式(12-5)中 $\overline{Z}$、$\overline{y}$ 分别为序列 $\{Z(i)\}$ 和 $\{y(i)\}$ 的均值。

　　步骤 3：优化投影指标函数。投影指标函数 $Q(a) = S_Z |R_{ZY}|$ 只随投影方向 $a = (a(1), a(2), \cdots, a(p))$ 变化而变化，不同投影方向反映不同的数据结构特征，最佳投影方向就是最大可能暴露高维数据的某类特征结构。需要通过求解 $Q(a) = S_Z |R_{ZY}|$ 的最大化问题予以解决，即求解下列非线性问题：

$$\max Q(a) = S_Z |R_{ZY}| \tag{12-6}$$

$$\text{s.t.} \sum_{j=1}^{p} a^2 (j) = 1 \tag{12-7}$$

　　式(12-6)、式(12-7)是一个以 $a = \{a(j) | j = 1 \sim p\}$ 为优化变量的复杂非线性问题，本书采用加速遗传算法(accelerate genetic algorithm，AGA)进行求解，AGA 采用二进制编码方法，几乎可以对任何非线性优化问题进行编码，AGA 采用动态编码方式，随着 AGA 的运行，其精度不会再受二进制编码长度的控制，而且在每次加速循环中，AGA 只需进行两次进化迭代即可，且控制参数设置方法简明，与传统遗传算法相比，AGA 是一种实用性很强的优化方法，本书的解决思路如下。

　　(1)初始化变量 a 的变化空间的离散和二进制编码。设编码长度为 e，把每个变量 w_j 的初始化区间[0,1]等分成 $2^e - 1$ 个子区间，则

$$w_j = I_j d_j \qquad (j = 1, 2, \cdots, n) \tag{12-8}$$

式中，子区间长度 $d_j = 1/(2^e - 1)$ 为常数，搜索步数 I_j 为小于 2^e 的任意十进制非负数整数，是变量。经过编码，变量的搜索空间离散成 $(2^e)^n$ 个网格点，它对应 n 个变量的一种可能取值状态，并用 n 个 e 位二进制数 $\{ia(j,k) | j = 1, 2, \cdots, e; k = 1, 2, \cdots, e\}$ 表示：

$$I_j = \sum_{k=1}^{e} ia(j,k) \times 2^{k-1} \qquad (j = 1, 2, \cdots, n) \tag{12-9}$$

　　经过式(12-8)、式(12-9)编码，n 个变量 w_j 的取值状态、网格点、个体、n 个二进制数 $\{ia(j,k)\}$ 之间可建立一一对应关系。

　　(2)初始父代群体的随机生成。设群体规模为 q，从上述 $(2^e)^n$ 个网格点中均匀随机选取 q 个点作为初始父代群体。生成 q 组[0,1]区间上的均匀随机数，每组 n 个，即 $\{u(j,i) | j = 1, 2, \cdots, n; i = 1, 2, \cdots, q\}$，经下式转换得到相应的随机搜索步数：

$$I_j(i) = \text{int}(u(j,i)) \times 2^n \qquad (j = 1, 2, \cdots, n; i = 1, 2, \cdots, q) \tag{12-10}$$

（3）二进制解码和父代个体适应度。把父代个体编码串 $ia(j,k,i)$ 经过式（12-8）、式（12-9）解码成优化变量 $w_j(i)$，把 $w_j(i)$ 按以下公式进行归一化处理：

$$w_j(i) = w_j(i) \bigg/ \sum_{j=1}^{m} w_j(i) \tag{12-11}$$

（4）父代个体的概率选择。取比例选择方式，个体 i 的选择概率为

$$p_i' = Q_i(a) \bigg/ \sum_{i=1}^{q} Q_i(a) \tag{12-12}$$

（5）父代个体的杂交。由（3）得到两组父代个体随机两两配对，成为 q 对双亲，将双亲的二进制数组的任意一段值互换，得到两组子代个体。

（6）子代个体的变异。设变异率为 p_m，任取（5）中一组子代个体，将其二进制数组的任意两个值以概率 p_m 进行翻转，即原值为 1 的变为 0，原值为 0 的变为 1。

（7）迭代。根据（6）所得到的 q 个子代个体作为新的父代，然后转入（3），进入下一次进化过程，如此往复两次，优秀个体将逼近最优点。

（8）加速循环。经过两次进化迭代所获取的优秀个体，将其变量区间作为新的初始变化区间，进入（1），如此加速循环直到投影指标函数 $Q(a)$ 趋于稳定时结束运行，此时 $Q(a)$ 达到最大，所获取的投影向量 $a = (a(1), a(2), \cdots, a(p))$ 为最佳投影方向。

步骤 4：建立 PP 突发事件网络舆情风险预警等级评价模型。

①设置标准风险预警等级。本书参考国际惯例及国内相关学者研究成果，将突发事件网络舆情风险预警等级划分为 4 级，即 $v=\{\text{IV}, \text{III}, \text{II}, \text{I}\} = \{$极高风险，高风险，一般风险，低风险$\}$，并将"极高风险"赋值 4、"高风险"赋值 3、"一般风险"赋值 2、"低风险"赋值 1。为确定突发事件网络舆情风险预警的标准等级，本书以上海交通大学舆情研究实验室"中国公共事件数据库"为依托，从 26000 多起突发事件中挑选出 2000 年以来舆情热度较高的 320 个案例作为研究样本，然后借鉴蒋金才等[221]对水旱灾害风险等级划分方法，通过对所有样本指标做频率分析，并采用聚类方法进行修正后得到突发事件网络舆情风险预警等级判定标准，如表 12-2 所示。

表 12-2　突发事件网络舆情风险预警等级判定标准

指标	极高风险=4	高风险=3	一般风险=2	低风险=1
	IV	III	II	I
突发事件敏感度	>6	5～6	5～4	4～2
突发事件持续时间/天	>5	5～4	4～3	3～2
突发事件危害性	>7	7～5	5～3	3～1
次生灾害发生可能性	>5	5～4	4～3	3～1
突发事件网媒平台数量/个	>30	30～20	20～10	10～5
突发事件新闻报道次数/次	>1100	1100～600	600～300	300～70
报道内容全面性	>5	5～4	4～3	3～1
网上行为强度	>500000	500000～100000	100000～40000	40000～10000
网下行为强度	>19	19～13	13～7	7～4
负面回帖数/帖	>70000	70000～40000	40000～20000	20000～7000

②获取随机样本值。参考王硕等[220]的研究成果，采用均匀随机数在每个风险等级范围内随机产生 5 个值，由于表 12-2 中各指标具有相对正相关性，同一样本中各指标的随机数相同。在风险预警等级判定标准中取边界值各一次，风险预警等级值取与该边界值有关的两个风险等级值的算术平均值，这样就可得到随机样本点。

③依据步骤 2 对获得并经归一化处理后的随机样本值构造投影指标函数，并依据步骤 3 对投影指标函数进行优化，在获取最佳投影方向的估计值后代入式(12-2)得到 i 个随机样本的一维投影值 $z(i)$，根据 $z(i) \sim y(i)$ 的数据标志图建立数学关系。大量研究表明[222]，在类似等级评价系统中 $z(i) \sim y(i)$ 的数据标志图所反映的两者关系一般呈单调递增关系，拟合的曲线十分接近 Logistics curve 曲线，因此，本书用 Logistics curve 曲线来描述 $z(i) \sim y(i)$ 的拟合关系，并作为突发事件网络舆情风险预警模型，即

$$y^*(i) = \frac{N}{1 + e^{c(1) - c(2)z^*(i)}} \tag{12-13}$$

式中，$y^*(i)$ 为第 i 个样本的风险预警等级计算值；N 为最高风险预警等级的上限(根据表 12-2，$N=4$)；$c(1)$、$c(2)$ 为待定参数，分别表示该曲线的积分常数和增长率，需根据样本数据，再次采取 AGA 求解如下优化问题，以得到待定参数 $c(1)$、$c(2)$ 的最优值：

$$\min F(c(1), c(2)) = \sum_{i=1}^{n} (y^*(i) - y(i))^2 \tag{12-14}$$

步骤 5：模型校验。根据步骤 4 所建立的 $z(i) \sim y(i)$ 的数学关系为突发事件网络舆情风险预警等级判定模型，该模型能够根据多维指标的最优投影值计算出风险预警值。为检验模型的精度，通过获取实际样本数据对模型进行验证，以校验模型。

步骤 6：突发事件网络舆情风险预警等级判定。根据式(12-13)所计算的风险预警值，对 $y^*(i) > 2$ 的风险值，需对突发事件舆情进行正向干预和科学引导，以降低次生突发事件或衍生突发事件发生风险，达到降低突发事件成本和提高救灾效率的目的。

12.3 实 例 应 用

12.3.1 样本数据

(1)随机样本数据。依据步骤 4 获取各指标的样本数据及各样本的风险预警等级值 40 组(表 12-3)。

表 12-3   突发事件网络舆情风险预警随机样本数据

随机样本序号	突发事件敏感度	突发事件持续时间/天	突发事件危害性	次生灾害发生可能性	突发事件网媒平台数量/个	突发事件新闻报道次数/次	报道内容全面性	网上行为强度	网下行为强度	负面回帖数/帖	风险预警标准值
1	4	3	5	5	16	62	3	9213	8	3156	1
2	6	4	1	1	15	81	1	20191	9	13970	2

续表

随机样本序号	突发事件敏感度	突发事件持续时间/天	突发事件危害性	次生灾害发生可能性	突发事件网媒平台数量/个	突发事件新闻报道次数/次	报道内容全面性	网上行为强度	网下行为强度	负面回帖数/帖	风险预警标准值
3	6	4	1	1	35	120	3	890981	11	318910	4
4	6	3	3	3	21	47	5	23198	4	8910	2
5	6	4	1	1	48	415	1	2109819	18	978108	4
6	1	2	1	1	27	210	3	38901	9	8901	1
7	1	2	1	1	29	69	5	15901	8	10980	2
…	…	…	…	…	…	…	…	…	…	…	…
39	2	4	5	3	26	58	1	91082	11	31241	3
40	2	4	1	1	40	198	5	169018	14	65279	4

(2)模型验证数据。本书仍以上海交通大学舆情研究实验室"中国公共事件数据库"为依托,从26000多起公共安全事件中挑选出2003年来以来舆情热度较高的18个案例作为研究样本。为简化数据收集难度,本书选择新浪微博自媒体为相关数据收集平台;新闻媒体选择中央人民广播电台、当地广播电台、新浪新闻。定量指标数据主要依据案例、抽样和官方统计获取,定性指标数据来源于第十一届国际应急管理论坛暨中国(双法)应急管理专业委员会第十二届年会现场问卷,26名问卷对象全部是来自国内外应急管理研究领域的知名学者。整理后的数据(表12-4)采用R语言数据分析软件进行信度和效度检验,检验得到效度和信度值分别为0.87、0.90,说明样本数据可信度高,可用来验证本书模型。

表12-4 突发事件网络舆情模型验证数据

序号	实例事件	突发事件敏感度	突发事件持续时间/天	突发事件危害性	次生灾害发生可能性	突发事件网媒平台数量/个	突发事件新闻报道次数/次	报道内容全面性	网上行为强度	网下行为强度	负面回帖数/帖	风险等级值
1	"三亚宰客门"事件	6	2	1	1	16	121	5	10332	24	9299	1
2	"安康强制引产"事件	6	4	3	1	21	71	1	38901	8	36177	2
3	"宜黄拆迁自焚"事件	6	4	5	1	26	60	1	123009	8	113168	4
4	"浙江乐清"事件	6	3	3	1	17	91	3	48920	4	39136	3
5	"山西疫苗"事件	6	4	5	1	36	321	5	163490	4	112808	4
6	"双汇瘦肉精"事件	1	2	5	1	27	408	5	78901	9	85761	3
7	"周久耕天价香烟"事件	1	2	1	1	41	121	5	17620	8	16562	3
8	"上海染色馒头"事件	1	2	5	1	14	515	5	9680	6	9196	1
9	"永兴救灾物资分配不公"事件	4	3	5	3	9	60	1	21390	16	19678	4
10	"邓玉娇"事件	2	5	5	1	51	90	3	119890	17	77928	4
11	"哈尔滨警察打死大学生"事件	2	4	5	3	31	66	3	89270	15	85699	4
12	"云南小学生卖淫"事件	2	4	5	1	25	612	5	139809	16	111847	4
13	"杨达才名表门"事件	2	3	3	3	29	289	1	53490	18	48141	4
14	"刘铁男"事件	2	3	1	1	19	915	5	16780	8	9396	1

续表

序号	实例事件	突发事件敏感度	突发事件持续时间/天	突发事件危害性	次生灾害发生可能性	突发事件网媒平台数量/个	突发事件新闻报道次数/次	报道内容全面性	网上行为强度	网下行为强度	负面回帖数/帖	风险等级值
15	"5·12"汶川地震	5	5	7	5	57	3120	1	42458908	35	3236061	4
16	北京特大暴雨	5	5	7	5	33	1808	3	10897349	22	987234	4
17	西藏"3·14"事件	5	5	7	5	39	1734	5	1689230	11	9023	3
18	"温州动车"事件	5	5	7	3	42	2971	5	21308234	19	113468	4

12.3.2 风险预警模型

按式(12-1)对表 12-3 数据进行归一化处理,将处理后的数据分别代入式(12-2)、式(12-4)、式(12-5)和式(12-3),即得投影指标函数。然后按照步骤 3 用 AGA 优化由式(12-6)、式(12-7)所确定非线性问题,AGA 控制参数配置为:编码长度 $e=10$,群体规模 $q=300$,优秀个体数 $s=10$,变异率 $p_m=1.0$,迭代次数 $t=20$。通过优化得到最佳投影指标函数值为 1.33(图 12-2),最佳投影方向 $a^*=(0.289,0.112,0.079,0.041,0.213,0.498,0.177,0.301,0.279,0.437)$。

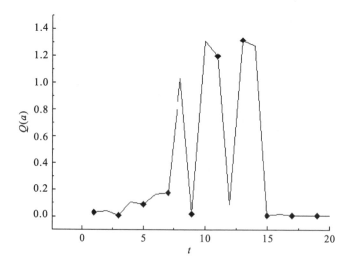

图 12-2 AGA 对投影指标函数的优化性能图

把 a^* 代入式(12-2)得到 40 个随机样本投影值的计算值 $z(i)$,然后建立 $z(i)$ 与随机样本风险预警标准等级 $y(i)$ 之间数据标志图(图 12-3)。

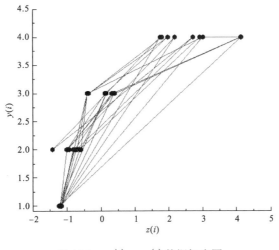

图 12-3　$z(i) \sim y(i)$ 数据标志图

由图 12-3 可以看出，随机样本的投影值与风险等级呈正相关，也就是说随机样本的风险预警级别越高，其投影值越大，反之亦反。故投影值能够综合反映随机样本的风险水平，对随机样本的风险预警级别有直接影响。基于这个特征，用式 (12-13) 的 Logistics curve 曲线来描述 $z(i)$ 与 $y(i)$ 之间的数学关系，式 (12-13) 中的参数 $N=4$，$c(1)$、$c(2)$ 采用式 (12-14) 进行估计，其估计值分别为：$c(1) = -1.3151$、$c(2) = 1.5293$，得到突发事件网络舆情风险预警评价模型为

$$y^*(i) = \frac{4}{1 + e^{-1.3151 - 1.5293 z^*(i)}} \tag{12-15}$$

为进一步考查式 (12-15) 的评估效果，根据图 12-3 中所展现的 $z(i)$ 与 $y(i)$ 的单调递增关系，借用其他一些学者研究风险等级的方法建立 $z(i) \sim y(i)$ 的数学关系，这里选取二次回归方法、多元回归方法、一阶线性滞后差分方程来描述 $z(i)$ 和 $y(i)$ 之间的关系，其拟合精度对比如图 12-4 所示。

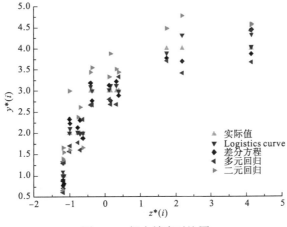

图 12-4　拟合精度对比图

从图 12-4 可知，与实际值相比，Logistics curve 模型精度最高，其次为差分方程、多元回归和二元回归，其误差分析结果如表 12-5 所示。

表 12-5　风险预警等级拟合误差比较

	Logistics curve	一阶线性滞后差分方程	多元回归方程	二次回归方程
平均绝对误差	0.23	0.26	0.31	0.37
平均相对误差/%	12.77	15.89	20.13	23.66

表 12-5 中，Logistics curve 与实际风险等级拟合的平均绝对误差为 0.23，从表 12-2 的判定标准来看，这个误差基本保证拟合的风险等级与实际等级一致，说明本书 AGA-PP 模型的计算是合理的，它能够用来评价突发事件网络舆情风险预警。

12.3.3　模型验证

为进一步验证模型的可靠性，用表 12-4 的实例数据对模型进行检测，同样按式(12-1) 对表 12-4 数据进行归一化处理，然后按 12.2.2 节处理方法得到投影指标函数。用 AGA 对式(12-6)、式(12-7)进行优化，AGA 控制参数配置与 12.3.2 节相同。通过优化得到最佳投影指标函数值为 1.12，最佳投影方向 $a^* = (0.312, 0.0812, 0.131, 0.089, 0.331, 0.399, 0.201, 0.371, 0.303, 0.513)$。把 a^* 代入式(12-2)得到 18 个实例样本投影值的计算值 $z^*(i)$，并采用式(12-15)对 18 个实例样本的风险预警等级进行拟合，其投影值、拟合数据如表 12-6 所示，拟合精度如图 12-5 所示。

表 12-6　实例样本拟合结果对比

序号	实例事件	$z^*(i)$	风险预警等级	
			标准值	拟合值
1	"三亚宰客门"事件	-1.204	1	0.712
2	"安康强制引产"事件	-0.978	2	2.433
3	"宜黄拆迁自焚"事件	3.667	4	3.687
4	"浙江乐清"事件	-0.663	2	1.898
5	"山西疫苗"事件	4.116	4	4.337
6	"双汇瘦肉精"事件	0.323	3	2.676
7	"周久耕天价香烟"事件	-0.215	3	3.300
8	"上海染色馒头"事件	-1.174	1	0.896
9	"永兴救灾物资分配不公"事件	0.401	3	2.787
10	"邓玉娇"事件	2.669	4	4.013
11	"哈尔滨警察打死大学生"事件	3.774	4	3.885
12	"云南小学生卖淫"事件	1.363	4	4.316
13	"杨达才名表门"事件	0.117	3	2.893

续表

序号	实例事件	$z^*(i)$	风险预警等级	
			标准值	拟合值
14	"刘铁男"事件	−1.423	1	0.818
15	"5·12"汶川地震	5.337	4	3.791
16	北京特大暴雨	4.612	4	4.412
17	西藏"3.14"事件	0.418	3	2.997
18	"温州动车"事件	2.663	4	4.327

从表 12-6 可知，采用本书构建的 Logistics curve 评价模型所拟合的风险预警等级的绝对误差和为 4.098，平均绝对误差为 0.228，相对误差为 12.03%，与随机样本数据拟合结果相比，实例样本所拟合的风险预警等级精度跟随机样本拟合结果接近，说明本书所建模型具有评价结果可靠、拟合精度稳定的优势（图 12-5）。

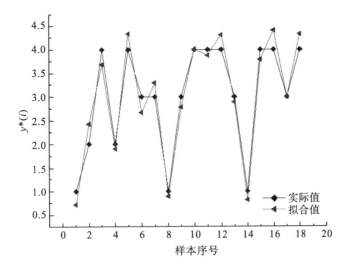

图 12-5　拟合精度对比图

从图 12-5 也可看出，风险舆情等级实际值和拟合值分布趋势与投影值呈正向变动，与前面随机样本分析结论一致。

12.4　结　　语

本书在分析舆情传播内在机理基础上，提出一套具有推广意义的指标体系，并将投影寻踪模型运用到本书研究风险预警评价中，为这一类问题的解决提供了理论依据和方法借鉴。通过对网络舆情传播阶段内在机理的分析，结合突发事件特点，提出 3 个维度 10 个二级指标的风险预警指标体系，分析结果表明，这 10 个指标相互独立、代表性强，能够很好地评价突发事件网络舆情风险。根据投影值与舆情风险预警标准等级之间的正向关系，采用 Logistics curve 进行拟合，精度对比表明，本书模型具有明显的精度优势，拟合平均绝对误差能够控制在 0.23 以下。但由于其他突发事件网络舆情风险预警等级的计算大多具有离散性，相邻等级之间缺乏令人信服的过渡，因此对本书中原订标准等级的合理性还有待进一步探究。

第13章 赈灾物资市场筹集系统的可靠度分析

赈灾物资市场筹集是应急物资保障的重要环节，面对大规模突发自然灾害，通过国家战略储备、社会捐赠和紧急征用等途径所筹集的赈灾物资出现不足时，政府必须依法采取紧急采购或组织突击研制和生产等市场筹集措施，以确保在紧急状态下赈灾物资的及时供给，最大限度地满足紧急救援对物资的需求[223]。因此，赈灾物资市场筹集的优劣直接关系救灾物资保障水平和应急物流目标的实现[224]，为达到赈灾物资市场筹集在时间、成本和空间效益上的最优化，需及时建立可靠性高、运行稳定的赈灾物资市场筹集系统，以加强企业、部门、区域等主体之间的协调和各类资源的高效利用，确保赈灾物资市场筹集目标的实现。

在赈灾物资筹集研究方面，Trevor 等[225]主要研究了应急物流供应节点的选择，特别是针对节点应急物资存储量，建立了定量模型；戴更新等[226]针对多资源应急多点出救问题的特点，给出了多资源应急问题的数学模型，这些成果集中于赈灾物资筹集的理论、储备方法以及受约束条件下多目标的优化组合等方面的研究，在赈灾物资筹集的具体实现方式和物资筹集系统方面研究不足。在物流可靠性研究方面，Chen 等[227]认为物流系统可靠性提高的方法是增加串并联系统中单元的冗余度，并以运输时间、网络连通性和物流能力三方面约束指标讨论了系统可靠度分配和优化；A'rni 等[228]研究了影响物流可靠性的物流指标，并探讨其可靠性的度量标准和方法；余小川等[229]研究了物流系统逻辑组成对系统可靠度的影响，探讨了在物流能力和可靠度约束下，如何优化物流系统逻辑结构和物流成本的问题。本书以提高赈灾物资市场筹集系统的可靠度为研究目标，把可靠性理论引入到赈灾物资市场筹集系统中，首先在分析赈灾物资市场筹集系统运行特征基础上，论证了有利于提高系统可靠性的串并联逻辑结构；其次，研究赈灾物资筹集系统在物流量和总成本约束下系统的可靠度优化问题；最后，针对初次优化后不满足系统要求的单元，进行可靠度再次优化和分配，保证了赈灾物资市场筹集系统运行目标的可靠性。

13.1 赈灾物资市场筹集系统特征

13.1.1 赈灾物资市场筹集与筹集系统

赈灾物资市场筹集是政府应急指挥机构依据赈灾物资预测或需求点的即时需求，在规定时限，依法通过市场渠道快速获取其他途径可能无法及时筹集到赈灾物资的方式和过程，其方式主要包括政府紧急采购和企业紧急生产等，其过程主要由赈灾物资市场筹集系统的稳定运行来实现。赈灾物资市场筹集系统是为实现急需赈灾物资的快速筹集和实物流动，由政府、企业、各配送中心、救助站等一群有关联的个体组成，根据预先编制的赈灾物资市场筹集规则和特定功能进行工作，能完成系统中独立个体不能单独完成的人为系统（图 13-1），其功能主要体现在赈灾物资的生产功能和快速配送功能两方面，相应的赈灾物资市场筹集系统由赈灾物资企业生产子系统和赈灾物资调运子系统构成；其中，生产子系统的目的是在紧急时间下实现快速转产或扩大生产能力，生产出质量合格和期望数量的赈灾物资，而配送子系统的目的是在时间、成本、运力等资源约束下实现赈灾物资从应急供应链上游企业节点到最终救助节点的快速实物位移。

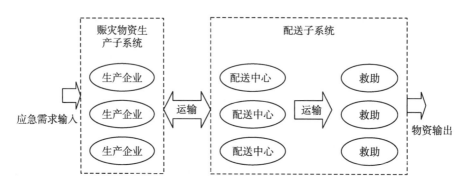

图 13-1　赈灾物资市场筹集系统

13.1.2　赈灾物资市场筹集系统的运行特征

赈灾物资市场筹集系统是一个动态和复杂的整体，其运行特征有其自身特点，既具有物资、能量和信息流构成的系统共性，又具有强时效性和弱经济性的系统个性；在赈灾物资生产子系统中，由于应急需求的多样性和紧急性，要求不同类型生产企业在规定时限生产出需求结构要求的全部赈灾物资，这就决定了不同类型企业在应急期间具有低替代性特征；在配送子系统中，配送中心是整个系统的中间节点，主要承担赈灾物资的转运和配送功能，其数量和规模是由物流能力所决定，在整个系统中起承上启下作用，救助点是赈灾物资市场筹集的最终汇集点，承担着赈灾物资的分发和需求统计功能，整个系统可以抽象成若干节点和线路所组成的连通网络。

13.2　赈灾物资市场筹集系统的可靠性逻辑结构

13.2.1　赈灾物资市场筹集系统的可靠性框图

关于系统可靠性定义，不同专业对其的定义存在一定差异。总体上，这些定义都集中于考察系统在规定的条件下和规定的时间内完成规定功能的能力，可靠度就是对这种能力的一种度量方式。赈灾物资市场筹集系统由多个物流单元(logistics unit，LU)依照一定的连接方式有机组成(这里的物流单元是指具有明确输入输出界面,可以独立提供物流中某一特定功能的物流实体或者物流环节),连接方式不同,物流单元对整个系统的可靠性影响也不同,因此要研究整个系统的可靠度,首先需要确定赈灾物资市场筹集系统的可靠性逻辑结构。从系统要实现的任务角度分析,赈灾物资市场筹集系统主要由三部分组成,这三部分形成整个系统的两个物流单元(子系统),每一个物流单元又由若干部件(节点)组成,在实践中,系统的物流单元和部件组成方式不同,实现相同任务系统的可靠度也不同。

从赈灾物资市场筹集系统结构来看,要实现赈灾物资从筹集到最终救助点的配送,可以通过两种系统组成方式来实现,一种是把企业生产子系统中某些生产同类赈灾物资的企业与指定的配送中心、救助点相匹配,组成若干条完整的应急供应链,再把这些供应链并联起来,并赋予明确的输入输出界面,能够独立形成一个具有串-并联结构的系统框图(图 13-2)。

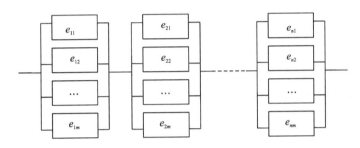

图 13-2　赈灾物资市场筹集的串-并联系统可靠性框图

一种是将企业生产子系统里企业节点、配送子系统里的配送中心节点和救助节点分别并联起来,再赋予明确的输入输出界面,把各子系统串联起来,形成一个完整的并-串联结构的系统框图(图 13-3)。

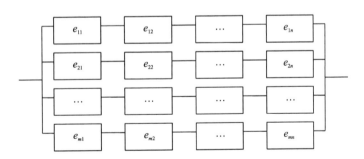

图 13-3　赈灾物资市场筹集的并-串联系统可靠性框图

这两种系统结构在一定程度上都能实现赈灾物资市场筹集任务,但两种系统的可靠性和部件的可靠度会不一样,这是在进行系统可靠性优化前需要解决的问题,也就是选择哪一种系统结构框图才能确保赈灾物资市场筹集系统的可靠度。

13.2.2　串-并联系统的可靠度

图 13-2、图 13-3 也称为混联系统，当混联系统中所有部件相互独立且已知每个部件的可靠度时，只需根据该混联系统的可靠性结构框图，用串联系统和并联系统就可以写出混联系统的可靠度公式[230]。如果赈灾物资市场筹集系统是串-并联系统时，设系统由相互独立工作的 n 级子系统串联而成。其中，第 i 级子系统由相互独立工作的 m_i 个部件并联而成，部件的可靠度设为 $R_{ij}\left(i=1,2,\cdots,n;j=1,2,\cdots,m_i\right)$，则可得串-并联系统的可靠度：

$$R=\prod_{i=1}^{n}\left\{1-\prod_{j=1}^{m_i}\left[1-R_{ij}\right]\right\} \tag{13-1}$$

13.2.3　并-串联系统的可靠度

由图 13-3 可知，设系统由相互独立工作的 n 级子系统并联而成。其中，第 i 级子系统由相互独立工作的 m_i 个部件串联而成，部件的可靠度设为 R_{ij}，其中，$i=1,2,\cdots,n$，$j=1,2,\cdots,m_i$，则可得并-串联系统的可靠度[231]：

$$R=1-\prod_{i=1}^{n}\left[1-\prod_{j=1}^{m_i}R_{ij}\right] \tag{13-2}$$

13.2.4　赈灾物资市场筹集系统可靠性逻辑结构的确定

为了选择适宜的赈灾物资市场筹集系统结构，需要对串-并联系统和并-串联系统进行比较。图 13-2 系统框图是典型的部件冗余系统，而图 13-3 的并-串联系统则是一个子系统冗余系统，到底是选择具有部件冗余的串-并联系统，还是选择具有子系统冗余的并-串联系统作为赈灾物资市场筹集系统结构，需要对两类系统的总体可靠度做比较，从应急管理的角度，赈灾物资市场筹集系统需要各子系统高效协作才可能保证预定任务的完成，所以要求整个系统有很高的可靠。设 $R_1(t)$、$R_2(t)$ 表示串-并联系统和并-串联系统的可靠度。由图 13-2、图 13-3 可知，有

$$R_1(t)=\prod_{i=1}^{n}\left[1-\left(1-R_i(t)\right)^2\right]=\prod_{i=1}^{n}\left[1-F_i^2(t)\right]=\prod_{i=1}^{n}\left[1-F_i(t)\right]\prod_{i=1}^{n}\left[1+F_i(t)\right] \tag{13-3}$$

$$R_2(t)=1-\left[1-\prod_{i=1}^{n}R_i(t)\right]^2=\prod_{i=1}^{n}R_i(t)\left[2-\prod_{i=1}^{n}R_i(t)\right]=\prod_{i=1}^{n}\left[1-F_i(t)\right]\left[2-\prod_{i=1}^{n}\left[1-F_i(t)\right]\right] \tag{13-4}$$

注意到

$$\prod_{i=1}^{n}\left[1+F_i(t)\right]=1+\sum_{i=1}^{n}F_i(t)+\sum_{1\leq i\leq j<n}F_i(t)F_j(t)+\cdots+\prod_{i=1}^{n}F_i(t) \tag{13-5}$$

$$\prod_{i=1}^{n}\left[1-F_i(t)\right]=1-\sum_{i=1}^{n}F_i(t)+\sum_{1\leq i\leq j<n}F_i(t)F_j(t)+\cdots+(-1)^{v}\prod_{i=1}^{n}F_i(t) \tag{13-6}$$

于是

$$\prod_{i=q}^{n}\left[1+F_i(t)\right]-2+\prod_{i=1}^{n}\left[1-F_i(t)\right]>0 \tag{13-7}$$

故有 $R_1(t)-R_2(t)>0$，说明部件冗余优于子系统冗余，即赈灾物资市场筹集系统的可靠性逻辑结构的串-并联系统(即图 13-2 所示结构框图)优越于并-串联系统。因此，在赈灾物资市场筹集系统的组成上，串-并联结构有利于提高系统的整体可靠度。

13.3　有约束赈灾物资市场筹集系统的可靠性优化

13.3.1　基于物流量约束的赈灾物资市场筹集系统可靠性优化

在赈灾物资市场筹集中，时间是系统可靠性优化的首要指标，但单独考核时间毫无意义，必须结合物流量(单位时间内完成物资筹集量或运输量，一般用反映其水平波动的物流水平曲线予以表现)才可以较为准确衡量赈灾物资市场筹集系统的可靠性。对企业生产子系统来讲，主要研究可靠度与单位时间内赈灾物资生产输出量和期望输出量之间的关系；对配送子系统来讲，主要研究可靠度与单位时间内配送到最终救助点实际赈灾物资市场筹集量和期望赈灾物资市场筹集量之间的关系。这里的单元可靠度是指各子系统在规定时间或规定条件下，提供的物流量保持在一个规定的允许偏差范围内的概率。如图 13-4 所示，曲线为各子系统实际的物流水平随时间变化的曲线，图中的两条虚线表示允许的偏差范围。这里的物流水平曲线可以根据各子系统不同时间的统计数据拟合给出，不同的子系统，其曲线不同，这里为了便于讨论，统一规定为一条理论曲线 $D_i(t)$。

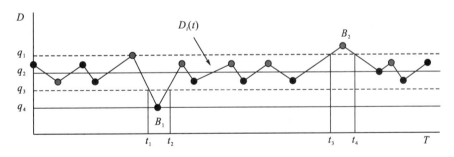

图 13-4　系统单元物流水平变化曲线

图 13-4 中，q_1、q_3 为允许偏差的上限和下限，q_2 为规定时间内期望曲线，$D_i(t)$ 为物流水平随时间变化而变化的实际曲线，B_1 是 (t_1,t_2) 时间内的偏差最低点，B_2 是 (t_3,t_4) 时间内偏差最高点，两时间段的物流水平波动虽然超出了规定范围，但两者本质不一样，(t_1,t_2) 的物流水平曲线低于最低波动曲线 q_3，属于物流水平不足，是子系统可靠性不高的

表现；(t_3, t_4) 的物流水平曲线虽然超出了波动上限，但属于物流水平过剩，在一定条件下是赈灾物资市场筹集系统所期望的物流水平状态，属于子系统可靠性高的范畴，本书不予关注，只考虑子系统物流水平不足的 (t_1, t_2) 的情形。考察曲线 $D = q_3$ 与 (t_1, t_2) 围成的区域 B，计算其面积，设 $D_i(t)$ 在 (t_1, t_2) 内连续可积，则

$$B = \int_{t_1}^{t_2} D_i(t)\mathrm{d}t \tag{13-8}$$

在 (t_1, t_2) 内基于物流量的子系统可靠度为

$$R_m = 1 - \frac{\int_{t_1}^{t_2} D_i(t)\mathrm{d}t}{2 \times q_3 \times (t_2 - t_1)} \tag{13-9}$$

式中，$\int_{t_1}^{t_2} D_i(t)\mathrm{d}t$ 的计算方法是将 (t_1, t_2) 拆分为若干等单位时间统计各元件超出最低波动范围的积分之和，$2 \times q_3 \times (t_2 - t_1)$ 也是各单位时间规定的最低物流量的总和。把式 (13-9) 进一步改进得出各子系统可靠度 R_m 与物流量 Q_i 之间的函数关系式：

$$R_m(Q_i) = 1 - \frac{\int_{t_i}^{t_j} D_i(t)\mathrm{d}t}{2 \times Q_i \times (t_j - t_i)} \tag{13-10}$$

或

$$Q_i(R_m) = \frac{2Q_i(t_j - t_i) - \int_{t_i}^{t_j} D_i(t)\mathrm{d}t}{2R_m(t_j - t_i)} \tag{13-11}$$

则基于物流量约束的赈灾物资市场筹集系统的可靠度优化问题可表示为给定总物流量 Q，求解如下数学规划问题。

求 $R_1, R_2, \cdots, R_m$，使赈灾物资市场筹集系统的总可靠度满足：

$$\begin{cases} \max \prod_{i=1}^{m} R_m = R^{\otimes} \\ \text{s.t.} \sum Q_i = Q \end{cases} \tag{13-12}$$

把式 (13-11) 代入式 (13-12) 的约束条件中，并对目标函数取对数：

$$\begin{cases} \sum_{j=1}^{J} \ln R_m = \ln R \to \max \\ \text{s.t.} \sum_{j=1}^{J} \dfrac{2Q_i(t_j - t_i) - \int_{t_i}^{t_j} D_i(t)\mathrm{d}t}{2R_m(t_j - t_i)} = Q \end{cases} \tag{13-13}$$

取 Lagrange 函数：

$$L(R_1, R_2, \cdots, R_m, \lambda) = \sum_{j=1}^{J} \ln R_m + \lambda\left[Q - \sum_{j=1}^{J} \frac{2Q_i(t_j - t_i) - \int_{t_i}^{t_j} D_i(t)\mathrm{d}t}{2R_m(t_j - t_i)} \right] \tag{13-14}$$

由

$$\frac{\partial L}{\partial R_m} = \frac{1}{R_m} + \frac{\lambda \left[2Q_i\left(t_j - t_i\right) - \int_{t_i}^{t_j} D_i(t)\, dt \right]}{2R_m^2 \left(t_j - t_i\right)} = 0$$

可得

$$R_m = \frac{\lambda \left[\int_{t_i}^{t_j} D_i(t)\, dt - 2Q_i\left(t_j - t_i\right) \right]}{2\left(t_j - t_i\right)} \tag{13-15}$$

将式(13-15)代入式(13-13)的约束条件中得

$$\lambda = -\frac{m}{Q} \tag{13-16}$$

式中，m 表示赈灾物资市场筹集系统中单元个数，将式(13-16)代入式(13-15)中，得

$$R_m = \frac{m\left[2Q_i\left(t_j - t_i\right) - \int_{t_i}^{t_j} D_i(t)\, dt \right]}{2Q\left(t_j - t_i\right)} \tag{13-17}$$

式中，Q_i 为各子系统规定时间最低期望物流量，在筹集前根据需求给出；$\left(t_j - t_i\right)$ 为系统各单元运行的起止时间之差；$D_i(t)$ 为可抽取尽可能多的单位时间物流量的实际值，拟合得出物流量水平曲线。

通过式(13-17)得出的 $R_1, R_2, \cdots, R_m$ 为系统各单元的最优可靠度，最后得赈灾物资市场筹集系统的总可靠度为

$$R^\otimes = \prod_{i=1}^{m} R_1 R_2 \cdots R_m \tag{13-18}$$

13.3.2 基于总成本约束的赈灾物资市场筹集系统可靠性优化

赈灾物资市场筹集是应急物资管理的一项重要内容，具有时效性和弱经济性特点，但强调时效性，并不是不重视经济性，在保证时间优先前提下，必须重视赈灾物资市场筹集的各项成本控制。因此，除用物流量来反映赈灾物资市场筹集系统可靠度以外，成本也是可靠度评价的重要指标。一般来讲，需根据应急需求事先预计各种市场筹集途径的总费用，在总费用确定下考查各子系统的最优可靠度和系统总可靠度，为控制市场筹集成本和提高系统可靠度提供依据，进而达到及时改进系统的目的。

给定赈灾物资市场筹集系统的总成本，求各单元可靠度 $R_1, R_2, \cdots, R_n$，使系统总可靠度 $R^\bullet = \prod_{j=1}^{J} R_j \rightarrow \max$ 满足

$$\text{s.t.} \quad \sum_{j=1}^{J} C_j\left(R_j\right) = C \tag{13-19}$$

式中，C 为给定总成本。这里把用来描述工程结构和机械装置的可靠度与成本之间的函数关系式引入赈灾物资市场筹集系统中：

$$R_j(C_j) = 1 - \mathrm{e}^{-\alpha_j / (c/\beta_j - 1)} \tag{13-20}$$

或

$$C_j\left(R_j\right)=\left[1-\frac{1}{\alpha_j}\ln\left(1-R_j\right)\right]\beta_j \tag{13-21}$$

式中，参数 α_j 为无量纲量，决定函数曲线的趋势，参数 β_j 为系统单元 $R_j \to 0$ 时系统的成本，将式(13-21)代入式(13-19)的约束函数中，则得到如下数学规划问题。

求各单元可靠度 $R_1, R_2, \cdots, R_n$，使系统总可靠度的对数 $\ln R = \sum_{j=1}^{J} \ln R_j \to \max$，并满足

$$\sum_{j=1}^{J}\left[1-\frac{1}{\alpha_j}\ln\left(1-R_j\right)\right]\beta_j = C \tag{13-22}$$

同样，取 Lagrange 函数，对 R_j 求偏导取极值，并整理得

$$R_j = \frac{\alpha_j}{\lambda\beta_j+\alpha_j} \qquad (j=1,2,\cdots,J) \tag{13-23}$$

将式(13-23)代入式(13-19)中可得

$$\sum_{j=1}^{J}\frac{\beta_j}{\alpha_j}\ln\left(\frac{1}{1+\dfrac{\alpha_j}{\lambda\beta_j}}\right) = \sum_{j=1}^{J}\beta_j - C \tag{13-24}$$

根据式(13-23)和参考文献[232]，直接给出式(13-24)的简便求法：

$$\bar{R}_j = \frac{\bar{R}_j}{b_{ji}+\left(1-b_{ji}\right)\bar{R}_i} \tag{13-25}$$

其中

$$\bar{R}_j = 1 - R_j \tag{13-26}$$

$$b_{ji} = \frac{1}{\alpha_{ji}} \tag{13-27}$$

然后由式(13-23)得

$$\bar{R}_1\prod_{j=2}^{J}\left[\frac{\bar{R}_i}{b_{ji}+\left(1-b_{ji}\right)\bar{R}_i}\right]^{\alpha_{j1}} = \mathrm{e}^{-\frac{\alpha_1}{\beta_1}\left(C-\sum_{j=1}^{J}\beta_j\right)} \tag{13-28}$$

用现有众多成熟的数值方法容易解出一元非线性方程式(13-28)，求出 $\bar{R}_1$，进而根据式(13-26)求出 $R_j(j=1,2,\cdots,J)$，下面用文献[232]的例子来解释成本给定条件下系统可靠度的优化过程。

某一赈灾物资市场筹集系统属于串并联混合结构，由 5 个子系统串联而成，筹集成本与系统可靠度间的函数关系由式(13-21)近似给出，参数 α_j、β_j 如表 13-1 所示，现将赈灾物资市场筹集分为两个阶段，两阶段的筹集成本预计为 4.5 亿元和 5 亿元，在两阶段费用约束下，需求解系统的最大可靠度[232]。

表 13-1　α_j、β_j 的参数值

参数	LU_1	LU_2	LU_3	LU_4	LU_5
α_j	5	10	8	7	9
β_j	1.20	0.80	0.70	0.50	0.30

根据式(13-27)可求出

$$b_{21} = 3.0，\quad b_{31} = 2.740，\quad b_{41} = 3.356，\quad b_{51} = 7.194$$

解方程，

$$\frac{1}{\left(7.19 - 6.19\overline{R}_1\right)^{0.14}} \cdot \frac{1}{\left(3.34 - 2.36\overline{R}_1\right)^{0.30}} \cdot \frac{1}{\left(2.74 - 1.74\overline{R}_1\right)^{0.37}} \cdot \frac{1}{\left(3 - 2\overline{R}_1\right)^{0.33}} = 0.016(或\ 0.002)。$$

用二分法求解得到，$\overline{R}_1^* = 0.24$(或 0.098)，进而由式(13-25)、式(13-26)计算得到两阶段费用约束下各单元的可靠度和系统最大可靠度(表 13-2)。

表 13-2　费用约束下的优化可靠度

C /亿元	R_1	R_2	R_3	R_4	R_5	$\prod\limits_{j=1}^{5} R_j = R^*$
4.5	0.757	0.903	0.895	0.913	0.957	0.535
5	0.902	0.965	0.962	0.969	0.985	0.799

13.3.3　总可靠度给出时赈灾物资市场筹集单元的可靠度再分配

通过 13.3.1 节和 13.3.2 节的分析，得出赈灾物资市场筹集系统在物流量和成本约束下系统和各单元(子系统)的可靠度值，但系统的可靠度与子系统的可靠度是否能够达到预定任务所规定要求，还需要做进一步分析，也就是说，当系统可靠度给定情况下，应考虑如何对系统可靠度较低单元进行再分配，以保证系统整体可靠度的稳定和协调。因此，在可靠度再分配中，就需要综合考虑分配单元的重要度与复杂度以及工作时间等多种综合因素[233-235]。赈灾物资市场筹集系统各单元的重要度表示因各单元在规定时间内未达到预定最低目标而发生单元故障时引起整个系统故障的概率，即

$$\xi_{0i} = \frac{N_i}{r_i} \tag{13-29}$$

式中，ξ_{0i} 为系统第 i 个单元的重要度；N_i 为第 i 个单元的重要元件数；r_i 为规定时间内第 i 个单元发生故障的总次数。

而赈灾物资市场筹集系统单元的复杂度可以定义为各单元中所含重要元件与整个系统中重要元件总数之比，这里假设各元件的重要度相等，即

$$K_i = \frac{N_i}{\sum N_i} \tag{13-30}$$

式中，K_i 为系统第 i 个单元的复杂度；N_i 为系统第 i 个单元重要元件数。

从上面公式之间的关系可以看出，各单元的失效率应该与该单元的复杂度成正比，而

与该单元的重要度成反比，即

$$\frac{\upsilon_i}{\upsilon_s} = \frac{N_i}{K_i \sum N_i} \tag{13-31}$$

式中，υ_i 为分配给第 i 个单元的失效率；υ_s 为赈灾物资市场筹集系统的失效率。

故

$$\upsilon_i = \frac{\upsilon_s N_i}{K_i \sum N_i} \tag{13-32}$$

一般来讲系统失效率 υ_s 服从指数分布规律，且与可靠度 R_s 之间的关系为

$$R_s = e^{-\upsilon_s t} \tag{13-33}$$

两边取对数并整理得

$$\upsilon_i = -\frac{N_i \ln R_s}{K_i t \sum N_i} \tag{13-34}$$

故系统可靠度初次分配的步骤如下。

步骤 1：根据 13.3.1 节或 13.3.2 节得出系统的最优可靠度 R^*，按式(13-8)、式(13-9)计算各单元重要度和复杂度，并确定各单元工作时间 t_i。

步骤 2：按式(13-32)求出各单元的失效率，并分别代入 $R_i = e^{-\upsilon_i t_i}$，求出各单元可靠度。

步骤 3：根据简单串联系统可靠度公式 $\prod_{i=1}^{n} R_i$ 求出系统可靠度 R。

步骤 4：比较 R 与 R^* 的大小。

根据步骤 4，如果有 $R \geq R^*$，则系统满足要求，如果有 $R < R^*$，则系统不满足要求，需要对系统改进，以满足要求，也就是对各单元的可靠性指标进行再分配。其具体办法是从可靠度最低的单元进行改进，这样效果明显，且具有针对性。因此，可靠性再分配是把原来可靠度较低的单元(子系统)的可靠度提高到满足要求的值，而对原来可靠度满足要求的单元的可靠度保持不变，具体如下。

①把各单元可靠度从低到高依次排序，即 $R_1 < R_2 < \cdots < R_k < R_{k+1} < \cdots < R_n$。

②假设需要把可靠度较低的 $R_1 \sim R_k$ 都提高到 R_0，而原来的 $R_{k+1} \sim R_n$ 保持不变，则系统可靠度 R_s 为

$$R_s = R_0^k \prod_{i=k+1}^{n} R_i \tag{13-35}$$

同时，又满足规定的系统可靠度指标的要求，即 $R_s = R^*$。

③确定 k、R_0，看哪些单元的可靠度需要提高，提高到什么程度，可由不等式给出

$$\left(\frac{R^*}{\prod_{i=j+1}^{n+1} R_i} \right)^{1/j} > R_j \tag{13-36}$$

令 $R_{n+1} = 1$，k 为满足该不等式 j 中的最大值。k 已知后即可求出 R_0，即

$$R_0 = \left(\frac{R_s}{\prod\limits_{i=k+1}^{n+1} R_i} \right)^{1/k} \tag{13-37}$$

通过以上分配，能够较好地改进赈灾物资市场筹集系统可靠度和各单元可靠度，提高各子系统和整个系统的敏捷性，以确保赈灾物资市场筹集任务较好地完成，下面用一个例子说明其再分配过程。

假设一赈灾物资市场筹集系统属于串-并联结构系统，由四个单元(子系统)组成，为确保灾区赈灾物资的及时供给，期望系统的总可靠度为 0.72，第一次分配结果为 $R_1 = 0.96$，$R_2 = 0.92$，$R_3 = 0.86$，$R_4 = 0.82$，假如其物流量函数相同，试用用时最短原则对各单元可靠度指标重新分配。

①根据上述计算式，$R_s = R_1 R_2 R_3 R_4 = 0.62$，小于期望可靠度 0.72，需重新分配。

②把 4 个子系统的可靠度排序：$\left(R_1^* = R_4 = 0.82 \right) < \left(R_2^* = R_3 = 0.86 \right) < \left(R_3^* = R_2 = 0.92 \right) < \left(R_4^* = R_1 = 0.96 \right)$。

③求 j 的最大值。

当 $j=1$ 时，$R_{01} = \left(\dfrac{R_s}{\prod\limits_{i=1+1}^{4+1} R_i} \right)^{1/1} = \left(\dfrac{0.72}{R_2^* R_3^* R_4^* \times 1} \right)^1 = 0.95 > R_1^*$

当 $j=2$ 时，$R_{02} = \left(\dfrac{R_s}{\prod\limits_{i=2+1}^{4+1} R_i} \right)^{1/2} = \left(\dfrac{0.72}{R_3^* R_4^* \times 1} \right)^{1/2} = 0.90 > R_2^*$

当 $j=3$ 时，$R_{03} = \left(\dfrac{R_s}{\prod\limits_{i=3+1}^{4+1} R_i} \right)^{1/3} = \left(\dfrac{0.72}{R_4^* \times 1} \right)^{1/3} = 0.909 < R_3^*$，故取 $k=2$，其中 $R_5 = 1$，即

$$\left(\frac{R_s}{\prod\limits_{i=k_0+1}^{n+1} R_i} \right)^{1/k_0} = \left(\frac{0.72}{R_3^* R_4^*} \right)^{1/2} = 0.9029 = R_0 \text{。}$$

故 $R_1 = 0.9029$，$R_2 = 0.9029$，$R_3 = 0.92$，$R_4 = 0.96$，分配后的可靠度 $R_s^o = 0.72001 > R_s = 0.72$，满足要求。

13.4　结　　论

赈灾物资市场筹集系统的可靠性研究是构建应急物资管理体系和信息系统的重要工作，是完善我国赈灾物资管理体系和搭建物资筹集平台亟待解决的问题。

(1)就赈灾物资市场筹集系统构建的逻辑结构进行了分析，通过比较混联系统中串-并联系统的可靠度 R_1 和并-串联系统的可靠度 R_2，得到 $R_1 > R_2$，说明赈灾物资市场筹集系统的构建可以通过增加部件冗余的方式提高系统的可靠度。

(2)灾害应急特点决定了赈灾物资市场筹集系统可靠度衡量指标主要是时间约束下物流水平和成本控制，为考察系统在约束条件下的可靠度，本书研究了系统在物流量和成本总额约束下各单元可靠性的分配和系统总可靠度的优化问题。

(3)在约束条件下完成了系统单元的初次优化后，如果出现系统的可靠度与单元的可靠度不能达到预定任务所规定要求时，还需要做进一步分析，结合赈灾物资市场筹集系统特点，提出基于单元重要度和复杂度的系统可靠度优化方法，对系统可靠度较低单元进行再分配，为保证系统整体可靠度的稳定和协调提供理论依据。

参 考 文 献

[1]Coburn W W, Spence R J, Pomonis A. Factors determining human casualties mortality predication in building collapse [R]. The Tenth World Conference on Earthquake Engineering, 1992, 10: 5989-5994.

[2]Murakami H O. A simulation model to estimate human loss for occupants building in an earthquake [R]. The Tenth World Conference on Earthquake Engineering,1992,10:6120-6129.

[3]Okada S. Indoor–zoning map on dwelling space safety during an earthquake engineering[R]. The Tenth World Conference on Earthquake Engineering,1992,10:6037-6042.

[4]高惠英, 李青霞. 地震人员伤亡快速评估模型研究[J]. 灾害学, 2010, 25(1):275-277.

[5]马玉宏, 谢礼立. 关于地震人员伤亡因素探讨[J]. 自然灾害学报, 2000, 9(3):84-90.

[6]黎江林, 苏经宇, 李宪章, 等. 区域地震灾害人员伤亡评估模型研究[J]. 河南科学, 2011, 29(7):869-872.

[7]张洁, 高惠英, 刘琦. 基于汶川地震的地震人员伤亡预测模型研究[J]. 中国安全科学学报, 2011, 21(3):59-64.

[8]于山, 王海霞. 三层BP神经网络地震灾害人员伤亡预测模型[J]. 地震工程与工程震动, 2005, 25(6):113-117.

[9]杨帆, 郑宝柱, 剡亮亮. 基于BP神经网络的地震伤亡人数评估体系[J]. 震灾防御技术, 2009, 4(4):428-435.

[10]程家喻. 地震发生时间对人员伤亡影响的概率[J]. 灾害学, 1993, 8(2):78-85.

[11]Li X J, Zhou Z H, Yu H Y, et al. Strong motion observations and recordings from the Great Wenchuan Earthquake [J]. Earthquake Engineering and Engineering Vibration, 2008, 7(3): 235-246.

[12]Shim J, Hwang C, Nau S. Robust LS-SUV regression using fuzzy c-means clustering[C]. Proceedings of the 2nd International Conference on Advances in Natural Computation, 2006:157-166.

[13]Francis E H T, Cao L J. Modified support vector machines in financial time series forecasting[J]. Neuron computing, 2002, 48(1):847-861.

[14]Flake G W, Lawrence S. Efficient SVM regression training with SMO [J]. Machine Learning, 2002, 1(11): 271-290.

[15]Wu Q, Yan H S, Yang H B. A forecasting model based support vector machine and particle swarm optimization[C]. Proceedings on the 2008 Workshop on Power Electronics and Intelligent Transportation System, 2008:218-222.

[16]Wu Q, Yan H S , Yang H B. A hybrid forecasting model based on chaotic mapping and improved support vector machine[C]. Proceedings on the 9th International Conference for Yong Computer Scientists, 2008: 2701-2706.

[17]Rossi F, Villab N. Support vector machine for functional data classification[J]. Neuron Computing, 2006, 69(7-9):730-742.

[18]Yan H S, Xu D. An approach to estimating product design time based on fuzzy v-support vector machine[J]. IEEE Transactions on Neural Networks, 2007, 18(3): 721-731.

[19]Muhammet G, Ali F G. An artificial neural network-based earthquake casualty estimation model for Istanbul city[J]. Natural Hazards, 2016(84):2163-2178.

[20]Xing H, Zhong L Z, Shao Y W. The prediction model of earthquake casualty based on robust wavelet v-SVM [J]. Nat Hazards, 2015(77): 717-732.

[21]Wen B C, Jiang C. Forecasting emergency demand based on BP neural network and principal component analysis [J]. Adv Inform

Serv Sci, 2013, 5(13):38-45.

[22]Ara S. Analyzing population distribution and its effect on earthquake loss estimation in Sylhet[D]. Enschede：University of Twente, 2013.

[23]Wang X, et al. ANN model for the estimation of life casualties in earthquake engineering [J].Stystem Engineering Procedia, 2011 (1):55-60.

[24]Aghamohammadi H, Mesgari M S, Mansourian A, et al. Seismic human loss estimation for an earthquake disaster using neural network [J]. Int J Environ Sci Technol, 2013, 10(5):931-939.

[25]Samardjieva E, Oike K. Modeling the number of casualties from earthquake[J]. Journal of Natural Disaster Science, 1992, 14(1) : 17-28.

[26]Shan Y, Hai X W, Ya J M. Three-layer BP network model for estimation of casualties in an earthquake [J]. J Earthquake Engineering & Engineering Vibration, 2005, 25(6):113-117.

[27]Aiko F, Robin S, Yutaka O, et al. Analytical study on vulnerability functions for casualty estimation in the collapse of adobe building induced by earthquake [J]. Bull Earthquake Engineering, 2010, (8):451-479.

[28]Max W, Sushil G, Philippe R. Casualty estimates in two up-dip complementary Himalayan earthquakes [J]. Seismological Research Letters, 2017, 88(6):1508-1515.

[29]Shapira S, Aharonson-Daniel L, et al. Integrating epidemiological and engineering approaches in the assessment of human casualties in earthquakes [J]. Natural Hazards, 2015, 78(7):1447－1462.

[30]马玉宏, 谢礼立. 地震人员伤亡估算方法研究[J]. 地震工程与工程振动, 2000, 24(4):140-147.

[31]何明哲, 周文松. 基于地震损伤指数的地震人员伤亡估计方法[J]. 哈尔滨工业大学学报, 2011, 43(4):23-27.

[32]黄星, 曾静, 刘洁. 一类震灾人员受损估计方法及应用[J].运筹与管理, 2019, 28(10):1-9.

[33]石钰磊, 贾斌, 董立峰, 等. 基于改进 RBF 神经网络的震灾伤亡人数预测[J]. 军事交通学院学报, 2015,17(3):91-95.

[34]刘金龙, 林均岐. 基于震中烈度的地震人员伤亡评估方法研究[J]. 自然灾害学报, 2012, 21(5):113-119.

[35]田鑫, 朱冉冉. 基于主成分分析及 BP 神经网络分析的地震人员伤亡估计模型研究[J]. 西北地震学报,2012, 34(4):365-368.

[36]施伟华, 陈坤华, 谢英情, 等. 云南地震灾害人员伤亡估计方法研究[J]. 地震研究, 2012, 35(3):387-392.

[37]Huang X, Zhou Z L, Wang S Y. The prediction model of earthquake causality based on robust wavelet v-SVM [J]. Natural Hazards, 2015, 77(2): 717-732.

[38]吴恒璟, 冯铁男, 洪中华, 等. 基于遥感图像的地震人员伤亡预测模型研究[J]. 同济大学学报(医学版), 2013, 34(5):36-39.

[39]钱枫林, 崔健. BP 神经网络模型在应急需求预测中的应用——以地震伤亡人数预测为例[J]. 中国安全科学学报, 2013, 23(4):20-25.

[40]Nichols J M, Beavers J E. Development and calibration of an earthquake fatality function[J]. Earthquake Spectra, 2003, 19(3): 605-633.

[41]朱佳翔, 江涛涛, 钟昌宝, 等. 响应紧急救援的应急供应链物流配送模型[J]. 系统工程, 2013, 31(7):44-51.

[42]Samardjieva E, Oike K. Modelling the number of casualties from earthquake[J]. Journal of Natural Disaster Science, 1992, 14(1):17-18.

[43]Samardjieva E. Estimation of the expected number of casualties caused by strong earthquake [J]. Bull of the Seismological Society of America, 2002, 92(6):2310-2322.

[44]马红燕, 崔杰. 人口高密度地区强震伤亡 GM 模型研究[J]. 价值工程, 2015, 22(3):154-156.

[45]董曼, 杨天清, 陈通, 等. 地震报道中死亡人数估计方法的适用性分析[J]. 地震, 2014, 34(3):140-148.

[46]李媛媛, 陈建国, 张小乐, 等. 基于建筑结构破坏的地震伤亡评估方法及应用[J]. 清华大学学报(自然科学版), 2015, 55(7):803-814.

[47]何明哲, 周文松. 基于地震损伤指数的地震人员伤亡预测方法[J]. 哈尔滨工业大学学报, 2011, 43(4):23-27.

[48]王莺, 王静, 姚玉璧, 等. 基于主成分分析的中国南方干旱脆弱性评价[J]. 生态环境学报, 2014, 23(12):1898-1904.

[49]伊燕平, 卢文喜, 许晓鸿, 等. 基于RBF神经网络的土壤侵蚀预测模型研究[J]. 水土保持研究, 2013, 20(2):25-28.

[50]张淮清, 俞集辉. 波导本征问题分析的径向基函数方法[J]. 电子学报, 2008, 36(12):2433-2438.

[51]尹江红, 叶汉民, 罗明, 等. BP网络和RBF网络用于输电线路故障定位比较[J]. 中国电力教育, 2010, 33(1):259-262.

[52]Whybark D C. Issues in managing disaster relief inventories[J]. International Journal of Production Economics, 2007, 108(1-2): 228-235.

[53]梁志杰, 韩文佳. 应急救灾物资储备制度的创新研究[J]. 管理世界, 2010(6):175-176.

[54]邹铭, 李保俊, 等. 中国救灾物资代储点优化布局研究[J]. 自然灾害学报, 2004, 13(4):135-139.

[55]Barbarosogcaronlu G, ArdaY. A two-stage stochastic programming framework for transportation planning in disaster response[J]. Journal of the Operational Research Society, 2004, 55(1):43-53.

[56]Johansen S G, Thorstenson A. An inventory model with poisson demands and emergency orders[J]. International Journal of Production Economics, 1998, 56(2): 275-289.

[57]王勇, 罗富碧. 第四方物流努力水平影响的物流分包激励机制研究[J]. 中国管理科学, 2006, 14(2): 136-140.

[58]程大涛. 基于共生理论的企业集群组织研究[D]. 杭州:浙江大学, 2003:21-71.

[59]郭莉, 苏敬勤. 基于Logistic增长模型的工业共生稳定分析[J]. 预测, 2005(1):22-26.

[60]赵黎明, 邱佩佩, 石江波. 灾害物资储备模型探讨[J]. 华侨大学学报(自然科学版), 1997, 18(1):107-110.

[61]陶永宏. 基于共生理论的船舶产业集群形成机理与发展演变研究[D]. 南京:南京理工大学, 2005:46-55.

[62] Petrovic D, Roy R, Petrovic R. Supply chain models using fuzzy sets [J]. International Journal of Production Economics, 1999, 59(1-3): 443-453.

[63]周威, 金以慧. 具有模糊缺陷率和订货费用的库存管理研究[J]. 计算机集成制造系统, 2006, 12(5):765-771.

[64]赵静, 但琦. 数学建模与数学实验[M]. 北京：高等教育出版社, 2008:125-155.

[65] Trevor H, Christopher R M. Improving supply chain disaster preparedness a decision process for secure site location [J]. International Journal of Physical Distribution & Logistics Management, 2005(5):195-207.

[66]戴更新, 达庆利. 多资源组合应急调度问题的研究[J]. 系统工程理论与实践, 2000(9):52-53.

[67]刘春林, 何建敏, 盛昭瀚. 多出救点应急系统最优方案的选取[J]. 管理工程学报, 2000(1):13-15.

[68]郭子雪, 张强. 一类赈灾物资筹集问题的模糊机会约束模型[J]. 北京理工大学学报, 2011(6):649-652.

[69]郭瑞鹏. 赈灾物资动员决策的方法与模型研究[D]. 北京:北京理工大学管理与经济学院, 2006.

[70]陈德弟. 新时期赈灾物资筹集理论框架[J]. 北京理工大学学报(社会科学版), 2003(3):44-48.

[71]朱庆林, 常进. 赈灾物资筹集学教程[M]. 北京:军事科学出版社, 2002:123-233.

[72]王立新, 孔昭君, 刘义昌, 等. 赈灾物资筹集学[M]. 吉林:吉林人民出版社, 2001:25-34.

[73] George M. Methodological framework for developing decision support systems of hazardous materials emergency response [J]. Operations Journal of Hazardous Materials, 2003, 71(2): 503-521.

[74]Linet O. Emergency logistics planning in natural disasters [J]. Annals of Operations Research, 2004, 129(4):217-245.

[75]Pritchard W G. Mathematical models of running [J]. Slam Review, 2005, 35(3): 35-59.

[76] Kaptur J N. Mathematical Modeling [M]. Oxford: John Wiley and Sons, 2002: 315-321.

[77]Michael M G. A Concrete Approach to Mathematical Modeling [M]. America：Addison-Wesley Publishing Company, Inc, 2000: 112-121.

[78]Mooney D D, Swift R J. A course in Mathematical Modeling [M]. America：The Mathematical Association of America. 1996:234-245.

[79]Roberts F S. Discrete Mathematical Models [M]. New York: Prentice-Hall, Englewood Cliffs, 1996: 312-319.

[80]Lee H, Whang S. Information sharing in a supply chain [R]. Working Papers, Graduate School of Business, Stanford University, 1998.

[81]Tang C S. Perspectives in supply chain risk management [J]. International Journal of Production Economics, 2006, 103 (24):51-488.

[82]Bertsmasd T. A robust optimization approach to inventory theory [J]. Operations Research, 2006, 54 (1):150-168.

[83]Ben-Tal A, Chung B D, et al. Robust optimization for emergency logistics planning: risk mitigation in humanitarian relief supply chains [J]. Transportation Research Part B，2011, 45 (8):1177-1189.

[84]鞠颂东, 徐杰. 物流网络理论及其研究意义和方法[J]. 中国流通经济, 2007 (8):10-13.

[85]潘坤友, 曹有挥, 曹卫东, 等. 安徽沿江中心城镇"轴-辐"物流网络构建研究[J]. 长江流域资源与环境, 2006, 15 (4):421-425.

[86]张毅. 基于欧式范数的公路客运枢纽规划方案评价[J]. 武汉理工大学学报, 2007 (3):422-425.

[87]葛春景. 应急物流设施轴辐网络布局的 λ -鲁棒优化模型[J]. 工业工程与管理, 2010, 15 (6):45-57.

[88]王茵, 韩瑞珠. 基于城际多 HUB 应急物流网络协同动力学模型研究[J]. 东南大学学报(自然科学版), 2007, 37 (2):387-392.

[89]葛春景, 王霞, 关贤均. 应对重大灾害的轴辐式应急物资网络体系[J]. 自然灾害学报, 2011 (2):153-159.

[90]Tavida K. The Integration of Intergovernmental Coordination and Information Management in Response to Immediate Crises[M]. 2006:6-17.

[91]Moore R, Lodwick W. Interval analysis and fuzzy set theory [J]. Fuzzy Sets and System, 2003, 123 (8):5-9.

[92]Senguta A, Pal T K. On comparing interval numbers [J]. European Journal of Operation Research, 2000, 127 (10): 28-43.

[93]He S, Wu Q H. A particle swarm optimizer with passive congregation [J]. Acta Electronic Sinica, 2004, 32 (3): 416-420.

[94]Kennedy J, Eberhart R C. Particle swarm optimization[C]. Proceeding of IEEE International Conference on Neural Networks, IV, Piscataway, NJ: IEEE Service Center, 1995:1942-1948.

[95]裘江南, 王延章, 董磊磊, 等. 基于贝叶斯网络的突发事件预测模型[J]. 系统管理学报, 2011, 20 (1):98-108.

[96]马祖军, 代颖, 李双琳. 带限制期的震后应急物资配送模糊多目标开放式定位-路径问题[J]. 系统管理学报, 2014, 23 (5):658-667.

[97]田军, 马文正, 汪应洛, 等. 应急物资配送动态调度的粒子群算法[J]. 系统工程理论与实践, 2011 (5):898-906.

[98]Fiedrich F, Gehbaner F, Rickers U. Optimized resource allocation for emergency response after earthquake disasters[J]. Safety Science, 2001, 35 (8): 41-57.

[99]Chomolier B, Samii R, Wassenhove L N. The central role of supply chain management at IFRC[J]. Forced Migration Review, 2003, 18:15-16.

[100]Yuan Y, Wang D W. Path selection model and algorithm for emergency logistics management[J]. Computer & Industrial Engineering. 2009，56 (3): 1081-1094.

[101]Beamon B M. Humanitarian relief chains: issues and challenges[C]. Proceedings of the 34th International Conference on Computers & Industrial Engineering, 2004:368-373.

[102]Arminas D. Supply lessons of tsunami aid [J]. Supply Management, 2005, 10(2): 14.

[103]Trevor H, Christopher R. Improving supply chain disaster preparedness: A decision process for secure site location [J]. International Journal of Physical Distribution & Logistics Management, 2005(5):195-207.

[104]Changoo Kim, Infrastructure Design and Cost Allocation in Hub and Spoke and Point-to-Point Networks[D]. Columbus: Ohio State University, 2004: 2-16.

[105]Camargo et al. Benders decomposition for the incapacitated multiple allocation hub location problem [J]. Computers & Operations Research, 2008(35):1047-1064.

[106]Martin, Gonzalez. Solving a capacitated hub location problem [J]. European Journal of Operational Research, 2008, 184(8): 468-479.

[107]Yaman H. Star p-hub median problem with modular arc capacities [J]. Computers & Operations Research, 2008, 35(6):3009-3019.

[108]Jiuh-Biing S. Dynamic relief-demand management for emergency logistics operations under large-scale disasters [J]. Transportation Research Part E, 2010(5): 1-17.

[109]Vapnik V N. The nature of statistical learning [J]. Springer, 1995(7):123-128.

[110]Wu Q, Yan H S, Yang H B. A forecasting model based support vector machine and particle swarm optimization[C]. Proceedings on the 2008 Workshop on Power Electronics and Intelligent Transportation System. Guangzhou, China: IEEE, 2008:218-222.

[111]Wu Q, Yan H S, Yang H B. A hybrid forecasting model based on chaotic mapping and improved support vector machine[C]. Proceedings on the 9th International Conference for Yong Computer Scientists. Washington D. C. , USA: IEEE, 2008: 2701-2706.

[112]Rossi F, Villab N. Support vector machine for functional data classification [J]. Neuron Computing, 2006, 69(7-9):730-742.

[113]Yan H S, Xu D. An approach to estimating product design time based on fuzzy v-support vector machine[J]. IEEE Transactions on Neural Networks, 2007, 18(3): 721-731.

[114]Tong S. Interval number and fuzzy number linear programming [J]. Fuzzy Sets and System, 2009, 66(8):301-306.

[115]Brueckner J k. Network structure and airline scheduling[J]. Journal of Industrial Economics, 2004, 52(2):291-312.

[116]Tanaka H. On fuzzy mathematical programming [J]. Journal of Cybernetics, 1984, 3(4): 37-46.

[117]Stefan C, Doreta K. A Concept of the optimal solution of the transportation problem with fuzzy cost coefficients [J]. Fuzzy Sets and System, 1996, 82(10): 299-305.

[118]Liu J Y, Li C L, Chan C Y. Mixed truck delivery systems with both hub-and-spoke and direct shipment [J]. Transportation Research Part E, 2003, 39(4):325-339.

[119]Macro A, Alessandro C, Peter N. Network competition the coexistence of hub-and-spoke and point-to-point system [J]. Journal of Air Transport Management, 2005, 11(5): 328-334.

[120]Andread T E, Krishnamoorthy M. Efficient algorithms for the uncapacitated single allocation p-hub median problem [J]. Location Science, 1996, 4(3): 139-154.

[121]Lin C C, Lin J S J. The multistage stochastic integer load planning problem [J]. Transportation Research Part E, 2007, 43(6):143-156.

[122]Yi W, Kumar A. Ant colony optimization for disaster relief operations [J]. Transportation Research Part E: Logistics and Transportation Review, 2007, 43(6): 660-672.

[123]Tzeng G H, Cheng H J, Huang T D. Multi-objective optimal planning for designing relief delivery system[J]. Transportation

Research Part E: Logistics and Transportation Review, 2007, 43(6): 673-686.

[124]陈安, 武艳南. 基于最优停止理论的最优停止机制设计[J]. 中国管理科学, 2010, 18(4): 173-182.

[125]武艳南, 陈安. 应急管理终止机制设计及实施初探[J]. 三峡大学学报(人文社会科学版), 2008, 30(S):20-23.

[126]史培军. 灾害研究的理论与实践[J]. 南京大学学报(自然科学版), 1991, (自然灾害研究专辑): 37- 42.

[127]尹卫霞. 基于灾害系统理论的地震灾害链研究——中国汶川"5·12"地震与日本"3·11"地震灾害链对比[J]. 防灾科技学院学报, 2012, 14(2):1-8.

[128]余世舟, 张令心, 赵振东, 等. 地震灾害链概率分析及断链减灾方法[J]. 土木工程学报, 2010, 43 (S):479 483.

[129]王春振, 陈国阶, 谭荣志, 等. "5·12"汶川地震次生山地灾害链(网)的初步研究[J]. 四川大学学报(工程科学版), 2009, 41: 84 -88.

[130] Kristin M, David W, Trevor A. Global earthquake casualties due to secondary effects: a quantitative analysis for improving rapid loss analyses[J]. Natural Hazards, 2010, (52): 319- 328.

[131]David B, Phil C. Assessing the threat to Western Australia from tsunami generated by earthquakes along the Sunda Arc[J]. Nat Hazards, 2007(43): 319-331.

[132]黄星, 王绍玉. 灾害应急状态终止的随机决策与仿真[J]. 哈尔滨工业大学学报, 2014, 46(4):14-19.

[133]张宛秋, 田军, 冯耕中. 基于网络层次分析法的应急物资供应能力评价模型[J]. 管理学报, 2012, 12(12): 1853-1859.

[134]李文君, 邱林, 陈晓楠. 基于集对分析与可变模糊集理论的河流生态健康评价[J]. 水利学报, 2014, 42(7): 775-782.

[135] Li Q, Zhou J Z, Liu D H, et al. Research on flood risk analysis and evaluation method based on variable fuzzy sets and information diffusion[J]. Safety Science, 2012, 50(5): 1275-1283.

[136] Chen S Y, Guo Y. Varble fuzzy sets and its application in comprehensive risk Evaluation for flood control engineering system[J]. Fuzzy Optimization Decision Making, 2006, 5(2): 153-162.

[137]郭文召, 刘亚坤, 徐向舟. 可变模糊识别方法在滑坡稳定性评价中的应用[J]. 农业工程学报, 2015, 31(8): 176-182.

[138]倪长健. 论自然灾害风险评估途径[J]. 灾害学, 2013, 28(2):1-5.

[139]陈安, 武艳南. 基于最优停止理论的应急终止机制设计[J]. 中国管理科学, 2010(4):173-182.

[140]Yi D Y. From optimal stopping problems over tree sets to optimal stopping problems over partially ordered sets[J]. Journal of Mathematical Research & Exposition, 1998, 18(1):30-32.

[141]Basoglu M, Salcmogu E, Livanou M. Traumatic stress responses in earthquake survivors in turkey [J].Journal of Traumatic Stress, 2002, 15(4):269-276.

[142]江华良. 突发危机事件中基于资源约束的群体恐慌心理与行为特征研究[D]. 上海：上海交通大学, 2009:5-60.

[143]Uriel R, Bert P. Crisis and Decision-make Management[M]. Holand: Kulwer Academic Publishers, 1991:25-67.

[144]Linet O, Ediz E. Emergency logistic planning in natural disasters[J]. ANNALS OF Operations Research, 2004, 129(1-4): 217-245.

[145]冯绍群. 行为心理学[M]. 广州：广东旅游出版社, 2008.

[146]Seymour, Simon M. Effective Crisis Management [M]. Cassell:Worldwide Principles and Practice, 2000.

[147]Fawcett S, Stanley L, Smith S. Developing a logistics capability to improve the performance of international operations [J]. Journal of Business Logistics, 1997, 18(2):101-127.

[148]Deng J L. Proving GM (1,1) modeling via four data [J]. Journal of Grey System, 2004(10):1-4.

[149]Liu S F, Deng J L. The range suitable for GM (1, 1) [J]. Journal of Gery System, 1999, 119(1):131-138.

[150]Liu S F, Forrest J. The role and position of gery system theory in science development [J]. Journal of Grey System,

1997(4):351-356.

[151]Liu S F. Measure of grey information [J]. Journal of Grey System, 1995, 7(2): 97-101.

[152]闪淳昌, 周玲, 钟开斌. 对我国应急管理机制的总体思考[J]. 国家行政学院学报, 2011(1):8-12.

[153]韩传峰, 刘亮. 基于 ISM 的应急机制系统分析[J]. 自然灾害学报, 2006, 15(6):154-158.

[154]钟开斌. 应急管理机制辨析[J]. 中国减灾, 2008(4):30-31.

[155]Guy M C. A cross-juisdictional and multi-agency[D]. Manitoba:University of Manitoba, 2000:223-231.

[156]Fiedrich F, Gehbaner F, Rickers U. Optimized resource allocation for emergency response after earthquake disasters[J]. Safety Science, 2001, 35(8):41-57.

[157]陈德豪, 吴剑平, 区慧莹. 大型居住区突发事件预警与应急机制研究[J]. 中国公共安全(学术版), 2007, 96(2):23-32.

[158]廖瑞金, 肖中南, 巩晶. 应用马尔科夫链模型评估电力变压器可靠性[J]. 高电压技术, 2012, 36(2):322-328.

[159] Chen W H, Guan Z H, Xu L. Delay-dependent output feedback stabilization of markov jump systems with time-delay[J]. IEE Proceedings-Control Theory and Applications. 2004, 151(5):561-566.

[160] Li H, Chen B, Zhou Q. Robust stability for uncertain delayed fuzzy hopfield neural networks with markov jumping parameters[J]. IEEE Transactions on Systems. 2009, 39(1):94-102.

[161]Mao Z, Jiang B, Shi P. H∞ Fault detection filter design for networked control systems model by discrete markov jump systems[J]. IET Control Theory and Applications. 2007, 1(5):1336-1343.

[162]金治明. 最优停止理论及其应用[M]. 长沙:国防科技大学出版社, 1995:4-29.

[163]Thomas J L. Optimal stopping with sampling cost:the secretary problem. ann of probability[J].The Annals of Probability. 1981(1):167-172.

[164]Yi D Y. From optimal stopping problems over tree sets to optimal stopping problems over partially ordered sets[J]. Journal of Mathematical Research & Exposition, 1998, 18(1):30-32.

[165]Che Z M, Jin Z M. TI_K[th] choice problem [J]. SO-National University of Defense Technology Journal(ISSN 1001-2468), 1995, 17(4):143-147.

[166]Arthur Q, Frank, Stephen M. On an optimal stopping problem of gusein-zade stochastic processes and their application [J]. Stochastic Processes and their Applications.1980: 299-311.

[167]Chow Y S, Robbin H, Siegmund D. 最优停止理论[M]. 何声武, 等译. 上海:上海科技出版社, 1983.

[168]徐健康, 邓兴光, 等. 汶川地震四川省医用物资保障工作情况[J]. 中国循证医学杂志, 2008, 8(11):905-912.

[169]高鹭, 张宏业. 生态承载力的国内外研究进展[J]. 中国人口·资源与环境, 2007, 17(2): 19-26.

[170]Daily G C, Ehrlich P R. Population, sustainability and earth's carrying capacity[J]. Bio Science, 1992, 42(10): 761-771.

[171]叶文虎, 梅凤桥, 关伯仁. 环境承载力理论及其科学意义[J]. 环境科学研究, 1992(5): 10 -111.

[172]Arrow K, Bolin, Costanza R, et al. Economic growth, carrying capacity, and the environment [J]. Science, 1995, 268: 520-521.

[173]黄敬军, 姜素, 张丽, 等. 城市规划区资源环境承载力评价指标体系构建——以徐州市为例[J]. 中国人口、资源与环境, 2015, 25(11): 204-208.

[174]高吉喜. 可持续发展理论探索: 生态承载力理论、方法与应用[M]. 北京: 中国环境科学出版社, 2001:136-138.

[175]皮皮, 王小林, 成金华, 等. 基于 PRS 模型的环境承载力评价指标体系与应用研究——以武汉城市圈为例[J]. 科技管理研究, 2016, (6):238-244.

[176]Ehrlich A H. Looking for the ceiling estimates of the earth's carrying capacity [J]. American Scientist, 1996, 84(5):494-495.

[177] Kuylenstierna J L, Bjorklund G, Najlis P. Sustainable water future with global implications: everyone's responsibility [J].

Natural Resources Forum, 1997, 21（3）:181-190.

[178] Joardar S D. Carrying capacities and standards as bases towards urban infrastructure planning in India : a case of urban water supply and sanitation [J]. Habitat International, 1998, 22（3）: 327-337.

[179] Rijsbermana M A, Venb F H M V D. Different approaches to assessment of sustainable urban water system [J]. Environment impact assessment review, 2000, 129（3）:333-345.

[180] 洪阳, 叶文虎. 可持续环境承载力的度量及其应用[J]. 中国人口·资源与环境, 1998（3）:57-61.

[181] 闫建新, 孙明, 王绍玉. 农村公共安全环境承载力评价研究[J]. 安徽农业科学, 2014, 42（22）:7605-7607.

[182] 李影. 环境承载力视角下中国区域划分——基于多指标省域面板数据的聚类分析[J]. 工业技术经济, 2015（12）:62-70.

[183] 王奎峰, 李娜. 基于 AHP 和 GIS 耦合模型的山东半岛地质环境承载力评价研究[J]. 中国人口、资源与环境, 2015, 25（5）:224-227.

[184] 刘明, 廖和平, 李涛, 等. 基于模糊物元的重庆市资源环境承载力动态评价研究[J]. 中国农学通报, 2015, 31（20）:113-118.

[185] Lane M. The carrying capacity imperative: assessing regional carrying capacity methodologies for sustainable land-use planning [J]. Land Use Policy, 2010, 27（4）: 1038-1045.

[186] Winz I, Brierley G, Trowsdale S. The use of system dynamics simulation in water resources management [J]. Water Resources Management, 2009, 23（7）:1301–1323.

[187] Smeets E, Weterings R. Environmental Indicators: Typology and Overview [M]. Copenhagen: Technical Report, European Environmental Agency, 1999.

[188] 刘臣辉, 申雨桐, 周明耀, 等. 水环境承载力约束下的城市经济规模量化研究 [J]. 自然资源学报, 2013, 28（11）:1903-1910.

[189] 赵卫, 刘景双, 苏伟, 等. 辽宁省辽河流域水环境承载力的多目标规划研究 [J]. 中国环境科学, 2008, 28（1）:73-77.

[190] Falkenmark M, Lundqvist J, Widstrand C. Macro-scale water scarcity requires micro-scale approaches: aspects of vulnerability in semi-arid development [J]. Natural Resources Forum, 1989, 13（4）:258-267.

[191] Rees W E. Revisiting carrying capacity: area-based indicators of sustainability [J]. Population and Environment, 1996, 17（3）: 195-215.

[192] Schneider D. The Carrying Capacity Concept As A Planning Tool [M]. Chicago:American Planning Association, 1978.

[193] 叶文, 王会肖, 许新宜, 等. 资源环境承载力定量分析——以秦巴山水源涵养区为例[J]. 中国生态农业学报, 2015, 23（8）:1061-1072.

[194] 赵西宁, 王玉宝, 马学名. 基于遗传投影寻踪模型的黑河中游地区农业节水综合研究[J]. 中国生态农业学报, 2014, 22（1）:104-110.

[195] Friedman J H, Tukey J W. A projection pursuit algorithm for exploratory date analysis[C]. IEEE Transaction on Computer, 1974, C-23:881-890.

[196] 于海峰, 王延章, 卢小丽, 等. 基于知识元的突发事件风险预测模型研究[J]. 系统工程学报, 2016, 31（1）:117-125.

[197] Howarth R W，Billen G，Swaney D，et al. Regional nitrogen budgets and riverine N&P fluxes for the drainages to the North Atlantic Ocean: natural and human influences [J]. Biogeochemistry, 1996, 35（1）: 75-139.

[198] Howarth R，Swaney D，Billen G，et al. Nitrogen fluxes from the landscape are controlled by net anthropogenic nitrogen inputs and by climate[J]. Frontiers in Ecology and the Environment，2012, 10（1）: 37-43.

[199] 王延章. 模型管理的知识及其表示方法[J]. 系统工程学报, 2012, 27（6）:739-750.

[200] Wackernagel M，Yount J D. The ecological footprint: an indicator of progress toward regional sustainability[J]. Environmental

Monitoring and Assessment, 1998, 51(1-2):511-529.

[201]Wang Z，Gao W，Cai Y，et al. Joint optimization of population pattern and end-of-pipe control under uncertainty for Lake Dianchi water-quality management[J]. Fresenius Environmental Bulletin, 2012, 21(12): 3693-3704.

[202]徐敏捷, 兰月新, 刘冰月. 基于组合预测的网络舆情数据预测模型研究[J]. 情报科学, 2016, 34(12):40-46.

[203]Wei J C，Bu B，Liang L. Estimating the diffusion models of crisis information in micro-blog[J]. Journal of Informatics, 2012, 6(4): 600-610.

[204]Xia Z Y，Yu Q，Wang L. The public crisis management in micro-blogging environment: take the case of dealing with governmental affairs via micro-blogging in China [J]. Advances in Intelligent and Soft Computing，2012，141:627-633.

[205]赵金楼, 成俊会. 基于SNA的突发事件微博舆情传播网络结构分析——以"4·20四川雅安地震为例"[J]. 管理评论, 2015, 27(1):148-157.

[206]康伟. 突发事件舆情传播的社会网络测度与分析——基于"11·16校车事故的实证"研究[J]. 中国软科学, 2012(7):169-178.

[207]李勇建, 王治莹. 突发事件中舆情传播机制与演化博弈分析[J]. 中国管理科学, 2014, 22(11): 87-96.

[208]Huo L G, Huang P Q, Fang X. An interplay model for an theories action and rumor spreading in emergency[J]. Physical A:Statistical Mechanics and its Applications, 2011, 390(20): 3267-3274.

[209]Zhao L J, Wang Q, Cheng J J, et al. The impact of authorities media and rumor dissemination on the evolution of emergency [J]. Physician A: Statistical Mechanics and its Applications, 2012, 391(15):3978-3987.

[210]Zhang Z L, Zhang Z Q. An interplay model for rumor spreading and emergency development [J]. Physician A: Statistical Mechanics and its Applications, 2009, 388(19): 4159-4166.

[211]Liu D H, Wang W G, Li H Y. Evolutionary mechanism and information supervision of public opinions in internet emergency [J]. Proceeded Computer Science, 2013(17):973-980.

[212]孙佰清, 董靖巍. 重大公共危机网络舆情扩散监测和规律分析[J]. 哈尔滨工业大学学报(社会科学版), 2011, 13(1): 92-97.

[213]王治莹, 李勇建. 政府干预下突发事件舆情传播规律与控制决策[J]. 管理科学学报, 2017, 20(2):43-52.

[214]张一文, 齐佳音, 方滨兴, 等. 非常规突发事件网络舆情热度评价指标体系[J]. 情报杂志, 2010, 29(11):71-76.

[215]王新猛. 基于马尔科夫链的政府负面网络舆情热度趋势分析[J]. 情报杂志, 2015, 34(7):161-164.

[216]刘锐. 地方重大舆情危机特征及干预效果影响因素[J]. 情报杂志, 2015, 34(6): 93-99.

[217]兰月新. 突发事件网络衍生舆情监测模型研究[J]. 现代图书情报技术, 2013, 231(3): 51-57.

[218]韩立新, 霍江河. 蝴蝶效应与网络舆情生成机制[J]. 新媒体, 2008(6): 64-66.

[219]张亚明, 刘婉莹, 刘海鸥. 基于Vague集的微博舆情评估体系研究[J]. 情报杂志, 2014, 33(4): 84-89.

[220]王硕, 张礼兵, 金菊良. 系统预测与综合评价方法[M]. 合肥: 合肥工业大学出版社, 2006: 123-144.

[221]蒋金才, 季新菊, 刘良. 河南省1950~1990年水旱灾害分析[J]. 灾害学, 1996, 11(4): 69-73.

[222]金菊良, 张欣莉, 丁晶. 评估洪水灾情的投影寻踪模型[J]. 系统工程理论与实践, 2002, 22(2): 140-144.

[223]龚卫国. 筹集、储备、调度和投放:应对灾害事件的赈灾物流物资管理[D]. 长沙: 中南大学, 2010.

[224]何美玲. 基于可靠性分析的物流服务供应量设计与协调[D]. 成都: 西南交通大学, 2010.

[225]Trevor H, Christopher R， Moberg. Improving supply chain disaster preparedness a decision process for secure site location [J]. International Journal of Physical Distribution & Logistics Management, 2005, 5: 195-207.

[226]戴更新, 达庆利. 多资源组合应急调度问题的研究[J]. 系统工程理论与实践, 2000(9):52-53.

[227]Chen A, Yang H, Tang W H. A capacity related reliability for transportation networks [J]. Journal of Advanced Transportation,

1999, 33(2):183-200.

[228]A' rni H, Jasper A. Quality criteria for qualitative inquiries in logistics [J]. European Journal of Operational Research, 2003, 144:321-332.

[229]余小川, 季建华. 物流系统的可靠度及其优化研究[J]. 管理工程学报, 2007(1):67-70.

[230]Cooman G. On modeling possibility uncertainty in two-state reliability theory[J]. Fuzzy Sets and Systems, 1996, 83:215-238.

[231]Tanaka H, Fan L T, Lai F S. Fault tree analysis by fuzzy probability [J]. IEEE Trans Reliability, 1983, 32:53-457.

[232]王光远, 谭东耀. 工程系统最优可靠度决策[J]. 工程力学, 1990(2):18-26.

[233]Singer D. A fuzzy set approach to fault tree and reliability analysis [J]. Fuzzy Sets and Systems, 1990, 34:145-155.

[234]Cai K Y, Wen C Y, Zhang M L. Fuzzy variables as a basis for a theory of fuzzy reliability in the possibility context[J]. Fuzzy Sets and Systems, 1991, 42:145-172.

[235]Mirsa K B, Soman K P. Multi-state fault tree analysis using fuzzy probability vectors and resolution identity [J]. Reliability and Safety Analysis under Fuzziness, 1995:113-125.